崇文国学经典

了凡四训

方欢　译注

图书在版编目（CIP）数据

了凡四训 / 方欢译注． -- 武汉：崇文书局，2023.4
（崇文国学经典）
ISBN 978-7-5403-7237-8

Ⅰ．①了… Ⅱ．①方… Ⅲ．①《了凡四训》－译文②《了凡四训》－注释 Ⅳ．① B823.1

中国国家版本馆 CIP 数据核字（2023）第 054016 号

出 品 人　韩　敏
丛书统筹　李慧娟
责任编辑　黄振华　薛绪勒
责任校对　董　颖
装帧设计　甘淑媛
责任印制　李佳超

了凡四训
LIAOFAN SIXUN

出版发行	长江出版传媒 崇文书局
地　　址	武汉市雄楚大街 268 号 C 座 11 层
电　　话	(027)87677133　邮政编码　430070
印　　刷	湖北新华印务有限公司
开　　本	880mm×1230mm　1/32
印　　张	4.875
字　　数	110 千
版　　次	2023 年 4 月第 1 版
印　　次	2023 年 4 月第 1 次印刷
定　　价	32.00 元

（如发现印装质量问题，影响阅读，由本社负责调换）

本作品之出版权（含电子版权）、发行权、改编权、翻译权等著作权以及本作品装帧设计的著作权均受我国著作权法及有关国际版权公约保护。任何非经我社许可的仿制、改编、转载、印刷、销售、传播之行为，我社将追究其法律责任。

总　序

　　现代意义的"国学"概念，是在19世纪西学东渐的背景下，为了保存和弘扬中国优秀传统文化而提出来的。1935年，王缁尘在世界书局出版了《国学讲话》一书，第3页有这样一段说明："庚子义和团一役以后，西洋势力益膨胀于中国，士人之研究西学者日益众，翻译西书者亦日益多，而哲学、伦理、政治诸说，皆异于旧有之学术。于是概称此种书籍曰'新学'，而称固有之学术曰'旧学'矣。另一方面，不屑以旧学之名称我固有之学术，于是有发行杂志，名之曰《国粹学报》，以与西来之学术相抗。'国粹'之名随之而起。继则有识之士，以为中国固有之学术，未必尽为精粹也，于是将'保存国粹'之称，改为'整理国故'，研究此项学术者称为'国故学'……"从"旧学"到"国故学"，再到"国学"，名称的改变意味着褒贬的不同，反映出身处内忧外患之中的近代诸多有识之士对中国优秀传统文化失落的忧思和希望民族振兴的宏大志愿。

　　从学术的角度看，国学的文献载体是经、史、子、集。崇文书局的这一套国学经典,就是从传统的经、史、子、集中精选出来的。属于经部的,如《诗经》《论语》《孟子》《周易》《大学》《中庸》《左传》;属于史部的,如《史记》《三国志》《资治通鉴》《徐霞客游记》;属于子部的,如《道德经》《庄子》《孙子兵法》《山海经》《黄帝内经》《世说新语》《茶经》《容斋随笔》;属于集部的,如《楚辞》《古诗十九首》《古文观止》)。这套书内容丰富,而分量适中。一个希望对中国优秀传统文化有所了解的人,读了这些书,一般说来,犯常识性错误的可能性就很小了。

崇文书局之所以出版这套国学经典,不只是为了普及国学常识,更重要的目的是,希望有助于国民素质的提高。在国学教育中,有一种倾向需要警惕,即把中国优秀的传统文化"博物馆化"。"博物馆化"是20世纪中叶美国学者列文森在《儒教中国及其现代命运》中提出的一个术语。列文森认为,中国传统文化在很多方面已经被博物馆化了。虽然中国传统的经典依然有人阅读,但这已不属于他们了。"不属于他们"的意思是说,这些东西没有生命力,在社会上没有起到提升我们生活品格的作用。很多人阅读古代经典,就像参观埃及文物一样。考古发掘出来的珍贵文物,和我们的生命没有多大的关系,和我们的生活没有多大关系,这就叫作博物馆化。"博物馆化"的国学经典是没有现实生命力的。要让国学经典恢复生命力,有效的方法是使之成为生活的一部分。崇文书局之所以坚持经典普及的出版思路,深意在此,期待读者在阅读这些经典时,努力用经典来指导自己的内外生活,努力做一个有高尚的人格境界的人。

国学经典的普及,既是当下国民教育的需要,也是中华民族健康发展的需要。章太炎曾指出,了解本民族文化的过程就是一个接受爱国主义教育的过程:"仆以为民族主义如稼穑然,要以史籍所载人物制度、地理风俗之类为之灌溉,则蔚然以兴矣。不然,徒知主义之可贵,而不知民族之可爱,吾恐其渐就萎黄也。"(《答铁铮》)优秀的传统文化中,那些与维护民族的生存、发展和社会进步密切相关的思想、感情,构成了一个民族的核心价值观。我们经常表彰"中国的脊梁",一个毋庸置疑的事实是,近代以前,"中国的脊梁"都是在传统的国学经典的熏陶下成长起来的。所以,读崇文书局的这一套国学经典普及读本,虽然不必正襟危坐,也不必总是花大块的时间,更不必像备考那样一字一句锱铢必较,但保持一种敬重的心态是完全必要的。

期待读者诸君喜欢这套书,期待读者诸君与这套书成为形影相随的朋友。

陈文新

(教育部长江学者特聘教授,武汉大学杰出教授)

前　言

在中国思想史上,除了儒释道经典著作以外还存在一种民间的"善书",即以一种循循善诱的"劝善祛恶"主题为经线活跃在民间的文本,因其故事真切生动而为普通百姓喜闻乐见,又因其内蕴主题积极鲜明而为古代知识精英所青睐。袁了凡的《了凡四训》就是这样一部"善书"。《了凡四训》是生活于十六世纪中后期和十七世纪初期的袁了凡以其终身立德修身的切己体验书写出的教子箴言,自明末问世以来,引起了极大的反响,备受推崇,被誉为"中国历史上第一善书"和"东方励志奇书"。

袁了凡,初名表,后改名黄,字庆远,又字坤仪、仪甫。初号学海,后改了凡。生于明嘉靖十二年(1533),卒于明万历三十四年(1606),享年74岁。早年因袭祖业并遵母嘱,安持医业,悬壶济世。其高祖杞山公袁顺因在"靖难之役"中反对举兵靖难的燕王朱棣,失败后逃亡吴江,是以在袁黄之前袁氏一门因政治原因没有参加科举,这一点似乎从《庭帏杂录》中可以得到印证:"吾家积德,不试者数世矣。"袁家此后也不事稼穑,以行医济世为生。袁黄曾祖父袁颢也弃举业行医,他根据自身经历,撰有《袁氏家训》一书,以记录"不惮殒身灭族以殉忠义"的家族过往,同时也希望能为后世子孙提供一些建议和启示。袁颢入赘嘉善徐家,育有三子:袁祯、袁祥、袁禧。袁祥就是袁了凡的祖父,他幼年入赘嘉善魏塘名医乂恒轩家,十五岁时与乂氏女成婚,唯生一女。乂氏殁后,继娶平湖朱氏,生下儿子袁仁(号参坡),袁仁就是袁了凡之父。袁仁"生来聪颖,过目成诵",其医学和儒学造诣都很高,在当时被推为"文献世家"。袁仁与唐寅交好,还与王门弟子王畿、王艮往来密切,他还曾亲自向王阳明问学。袁仁一生著作颇多,医学方面有《内经疑义》《本草正讹》《痘疹家传》等,儒学方面有《周易心法》《毛诗或问》《三礼指要》《春秋胡传考误》《尚书砭蔡编》等,诗文集《一螺集》以及与夫人李氏对诸子讲述并由诸子整理而成的《庭帏杂录》。袁仁初娶王氏,生子袁衷、袁襄,王氏死后续娶李氏,生子袁裳、袁表(了凡)、袁衮,而了凡就是袁仁五子之一,排行第四。

　　了凡青年时本无心科举,而是遵母命学医,但他并未因此而背离诗书门第的薪传,依旧有着纶巾纸墨的一面。这也不难理解,明代以八股取士,用之取士的"四书五经"并不能囊括尽士子的阅读所及和兴趣所至,只要看一看《儒林外史》中的杜少卿就知道,在某种程度上,真正维持了"士"这一角色的读书人似乎以一定的规模存在于科场之外。后来了凡遇到一位云南孔姓道人,自称得北宋邵雍皇极数正传,通《易》理,并卜占其一生际遇,断定他为"仕路中人",并劝其进学。孔道人算定了了凡县考、府考和提学考的名次,补廪、当贡的年龄和知理一方的期限,还有他只能享有五十三岁的寿命,且一生无子嗣。早期的卜算一一应验。所以,在相当长的时间内了凡认定"进退有命,迟速有时"的宿命论,并且"澹然无求"。之后入贡燕都,于栖霞山遇到云谷禅师。云谷是晚明大德,他致力于在江南复兴佛教,弘扬禅宗教义。他的努力最后获得了很大成功,南京不少显宦名流都成为禅宗信徒。明末著名高僧憨山德清大师就是出自云谷门下,承其法嗣。云谷向了凡启以"命由我作,福自己求",并出示《功过格》,令其修行。所谓"善则计数,恶则退除",了凡一一履行。到了第二年(隆庆四年,1570年)礼部考科举,之前孔先生算定该第三,却考了第一,了凡由此相信"命由我立",并发求子愿,励行三千件善事,终于生下儿子天启。后求进士愿,许行善事一万件。终于在万历十四年(1586)进士及第,授宝坻(今天津市宝坻区)知县。在任上,他治理水患,鼓励农桑,推行"南稻北种",使宝坻成为北方重要的水稻产区。梦中蒙神人启示,得知之前减免田税一项便已可抵一万件善事,如此方还尽一万件善事的愿。善事愈多,则命途愈顺,孔先生所谓"五十三岁有厄"的预言没能应验。

万历二十年(1592),了凡被提升为兵部职方司主事。适逢日本丰臣秀吉发动侵朝战争,应朝鲜国王请求,明廷决定派兵援朝。蓟辽经略宋应昌奏请了凡为随军赞画,并督导援朝军士。了凡随军奔赴朝鲜,掌握兵权的提督李如松,以议和为名诱骗倭寇,倭寇信以为真不设防,李如松率军发动突然袭击,击败倭寇,收复平壤。了凡认为用诡诈的手段欺骗倭寇,有损明朝的威严和体面;再加上李如松麾下兵士随意杀害平民,以首级记功,了凡据理而争,触怒李如松。李如松恼怒之下,率军东去,使了凡军队孤立无援,倭寇乘机来犯,了凡率军击退倭寇,而李如松却遭遇大败。为推脱责任,李如松以十条罪名弹劾了凡。此后了凡又卷入"京察之争",于万历二十一年(1593)被革职返乡。此次回乡,宣告他仕途的终结。他举家迁往赵田,此后十多年里,了凡过着归隐的生活,也正是在这一时期里,他遗留下来的主要著作得以完成。万历三十四年(1606),了凡去世,归葬于嘉善独社浜。天启元年(1621),吏部尚书赵南星奏明袁黄东征之功,辨白冤案,朝廷下令追赠他为尚宝司少卿。

袁了凡个人著述颇丰，据康熙二十年（1681）重修的《嘉兴府志》卷十六《书籍》所载，他的著作有《袁氏易传》《河洛解》《历法新书》《皇极考》等。另外，《江南通志》引《古今图书集成》载其著有《群书备考》《立命录》《功过格》《祈嗣真诠》《心鹄》《备考》《疏意》《经世略》三百卷和《通史》一千卷。文献的流传免不了散佚，了凡现存的主要著作有以下这些：《科第全凭阴德》《谦虚利中》《省身录》《广生篇》《祈嗣真诠》《阴骘录》《四书删正》《袁先生四书训儿俗说》《增订二三场群书备考》《游艺塾续文规》《袁了凡先生汇选古今文苑举业精华四集》《古今经世文衡》《两行斋集》《历史大方纲鉴补》《皇都水利》《评注八代文宗》。此外还有《千顷堂书目》所载的《宝坻劝农书》二卷、《袁氏政书》二卷、《宝坻劝农书》二卷、《袁生忏法》一卷、《诗外别传》一卷、《静坐要诀》一卷、《历法新书》五卷。通过这些著作不难发现，了凡的学问以经史为根柢，此外还涉及农业、水利、医学、地理、天文、历数等方面。值得一提的是，了凡的《历法新书》涉及六十种历法，有岁差总数积算、五纬总数积算、求太阳食甚定分、求日月出入带食所见分秒、求朔望交会约率、四平方求弦数、太白黄道南北纬度、黄道南北各像内外星经纬度等，涵盖一百五十多种算法，学问深邃。因其在天文立法上的创见，清代阮元在《畴人传》为其立传。

作为善书的《了凡四训》实质上是个节本，即把袁黄有代表性且主题相关的四篇文字组合在一起，这四篇文字最初被收录在明末《阴骘录》（合刻本）上，名称为《立命之学》《谦虚利中》《积善》和《改过》，到了清初的《丹桂籍》上才首次称为《袁了凡先生四训》。而今天的通行本则把四篇的名字依次厘定为《立命之学》《改过之法》《积善之方》和《谦德之效》。全书近于自传性质，以自己的亲身经历诠释了"命自我立，福自己求"的励志箴言，其主题无非是"劝人为善，累德致福"。从文体上讲，四篇文字各有侧重，《立命之学》和《积善之方》以及《谦德之效》以具体事例阐明道理，因此接近于文言小说；

而《改过之法》则从具体的修身实践上证实操作性较强的"改过"途径和步骤,类似于理学家的语录。了凡明辨"为善"时的"真假""曲直""半满""难易""阴阳"等概念,又颇有点像佛经证得真心之后对各种"魔心"的防治,如《大佛顶首楞严经》的《五十阴魔》部分,这跟他面聆云谷禅师训诲有关,同时也跟明末儒释道三教合一的总体思潮分不开。

在《了凡四训》中其实纠缠着这样一个问题,就是孔道人通过邵雍的易数占卜出来的结果在短时期内似乎能够一一应验,但这种结果产生的根由被云谷禅师道破:"人未能无心,终为阴阳所缚,安得无数?但惟凡人有数,极善之人,数固拘他不定;极恶之人,数亦拘他不定。"云谷禅师力辨凡圣,指明了新的可能性。那么,必须追问的是,作为儒道之源的《周易》及其象数和云谷禅师所启示的"以德致福"修身门径在理路上相悖吗?复次,了凡的这一经历放置在明末思想史中是不是隐含着如下一层意思:佛学或者更直接地说禅宗在提升生命质量上要高于儒道?了凡父亲袁仁和阳明学派王畿在学问上来往颇繁,只要翻一下康熙年间修的《嘉善县志》就不难明了。而王学发展开去几乎和禅宗殊途同归,了凡继承父志行医,自然在学问上与王学颇有瓜葛,这不难理解。该篇把"德"和"福"丝丝入扣地关联起来,几近苛刻。云谷禅师云:"世间享千金之产者,定是千金人物;享百金之产者,定是百金人物;应饿死者,定是饿死人物。"还把这层意思和是否有子孙后代联系起来,即"有百世之德者,定有百世子孙保之;有十世之德者,定有十世子孙保之……其斩焉无后者,德至薄也"。作为一种宗教训诫是令人信服的,但至于如何把"德"和"福"勾连起来,云谷和了凡皆缄默不言,或者说他们更多的是从经验立场出发期待着一种必然的结果,践履高于论证。劝善修行类的著作自然没有必要锱铢必较,也许逻辑上的纰漏恰恰是修行者发挥自身诚意的机会,让自己践行的步伐更坚定一些,而事实也确实是如此。

《了凡四训》由四篇组成。首先是《立命之学》一篇。就思想的深刻性而言在于这样一点：篇中将在世俗凡夫看来截然相反的两种境遇齐平化、等值化，即从云谷禅师口中道出的那段话："丰歉不贰，然后可立贫富之命；穷通不贰，然后可立贵贱之命；夭寿不贰，然后可立生死之命。人生世间，惟死生为重，曰夭寿，则一切顺逆皆该之矣。"所谓的"丰歉""穷通""夭寿"是截然相反的两种境遇，这两种境遇能轻而易举地引起普通人心灵上的波澜，但该篇中的教旨是"不贰"，即"不赋予价值上高低贵贱之差别"，等同化、齐平化。如此，修行人的姿态是"静的"，自然"乐善而祛恶"。其实这跟《庄子》所说的"吹万不同，咸其自取"在理路上是一样的，和孔子高扬的"死生有命，富贵在天"异曲同工。显然，了凡这篇文字并没有摆脱儒道两家思想，这恰恰是明代三教合一的表现。

其次是《改过之法》部分。"人皆有过"是中国思想史中心性之学的发端之处，在这个前提下谈"工夫""修养"。袁了凡的"改过"起于三心，即"耻心""畏心"和"勇心"。和圣贤比较，固有"耻心"，想象处处时时有天地鬼神"鉴临之"则当存"畏心"，蓄风雷成益之势，大小显微迅速割斩则不失"勇心"。这三心配以"至诚合天"的"工夫"，"过"自然无所匿。难能可贵的是，袁黄以三种不同的姿态或者步骤去改过。分别为"从事上改者""从理上改者"和"从心上改者"，这三种姿态差不多是层层递进的。以"杀生"和"怒詈"为喻，如果仅从"事上改"，则"强制于外，其难百倍，且病根终在，东灭西生"。所以需要进一步从"理上改"，即设身处地地从生灵角度出发。万物都贪恋生命，使之遭屠戮、入鼎镬仅为了满足自己的口腹之欲，这于理不明，更何况血气之属，皆含灵知。如果运用比情的通感方式还不足以止怒，则应"悉以自反""修己之德"，然后使之成为磨炼自己德行的一种考验。然而最高明的方法还是"从心上改"，先承认外境说到底只不过是"心"所造，克制"好色""好名""好货"等意念，须用善念,或者说"正念",非如此则"邪念"不祛。袁了凡把对"过"的克制追溯到最本源处——"心"上,一方面从最根本处解决了问题,如篇中所说"过有千端,惟心所造";一方面也是一种回溯,中国古人的修身格物就其本质论是"心性论",外境可以悬而不论,但内"心"世界无论如何也不能忽视。从这个角度上讲,《了凡四训》似乎又回到了儒家经典著作的言说范式之中。可见,善书从其本质上无法跟儒家文化中的经典分离开。

第三篇是《积善之方》。了凡搜集了诸多因为行善而得到福报的例子。如杨荣曾祖及祖父在水灾来临之时救人而不取财货,阴功广集,而使杨荣官至三公,且子孙贵盛多贤者;又如杨自惩为县吏时劝止县宰怒斥囚犯,并为远途而来的囚犯煮粥充饥,后二子均官至侍郎,两个孙子也为名臣;再如张都宪南征邓茂七,宽宥无辜附贼的士民,全活万人,后儿孙中了状元和探花;莆田林氏常以粉团施人,后得仙人指点墓地,子孙得到官爵的人,有一升麻子之数,累代簪缨……在一系列例证后面,了凡区分了善的"真假""端曲""阴阳""是非""偏正""半满""大小"和"难易",似乎要把"善"和"诚"结合起来,因为只有发自内心的"诚善"才能保证"善"在质的层面是完满的,或者说才能算作真正意义上的善。如此一来,篇中所举出的诸多例子明显有了可解释的空间,如果用"利己"的功利色彩去求善,得到的福报很少,甚至说根本不会有任何福报,而通过"真"和"假"的区分、"端"和"曲"的分辨、"阴"和"阳"的甄别,扎扎实实地"为善",差不多就能济人成己。所以,也可以将了凡的这种区分看作是沟通"德"和"福"的桥梁。在此之外,作者还提供了十种随时随地可以运用的随缘济众的方法,为"与人为善""爱敬存心""成人之美""劝人为善""救人危急""兴建大利""舍财作福""护持正法""敬重尊长""爱惜物命"。这十种方便法门提纲挈领地补充了前面论述的各类事例,非为空中楼阁,而是可以躬身践行的理论指导。

第四篇是《谦德之效》。这一篇主要是针对科举考试而言的。作者举了丁敬宇、冯开、赵裕峰、夏建所和张畏岩等科场士人因为谦逊而得以中举或登第的例子。乍一看，颇有些神秘，作者在张畏岩的故事中给出了一些看似中肯的原因。张在揭榜无名时大骂试官，认为试官没能看懂他的文章，这时候一个道者启发他："闻作文，贵心气和平，今听公骂詈，不平甚矣，文安得工？"张屈服了，在道者开示下折节自持，则善日加修，德日加厚，终于在乡试中考中第一百零五名。道者对张畏岩的开示是从心理方面找原因，即作文须"心气和平"，技成乎道，这本来是古代心性论中的一个老生常谈的话题，在这里作者似乎接触到了。颇为有意思的是，这个道人接着指出，"造命者天，立命者我"，"我"的"德"是祈求"福"的根本，但同时又认为"举头三尺，决有神明；趋吉避凶，断然由我。须使我存心制行，毫不得罪于天地鬼神，而虚心曲己，使天地鬼神，时时怜我，方有受福之基"。那么，道人的意思虽然肯定"命由己立"，但还是假设了天地鬼神这双眼睛，即是说不完全从心理平和入手。从这里也可以看出，《了凡四训》并没有彻底地把"德"变为自律的，它在一定程度上不得不依赖于天地鬼神等超自然的人格力量，这可能是中国善书文化中常见的且不得已的方法。

《了凡四训》的基本内容就是这些，下面简单说说它的影响。

袁了凡及其《了凡四训》，在明清时期影响巨大。史称"万历以后，袁黄、李贽之说盛行于世……家藏其书，人习其术"，"了凡既殁百有余年，而《功过格》盛传于世。世之欲善者，虑无不知效法了凡"，"学究者流，相沿用了凡《功过格》，于是了凡之名，盛传于塾间，几于无人不知"。作为一部善书，《了凡四训》在古代知识精英层面引起反响，这是必然的。但袁了凡《功过格》的流行及其《立命之学》在普通读书人中的巨大影响，激起了正统儒者的不满，著文批驳《立命篇》，或是以各种方式非难袁了凡的文字多至不可胜数，从明末到清代不曾断过。明末的刘宗周、清初的张尔岐,都曾著文批驳袁氏。刘宗周认为袁黄《功过格》有违于儒家传统一贯以扩充为主的自律道德,包含了太多功利性色彩,他说:"友人有示予以袁了凡《功过格》者,予读而疑之。了凡自言尝授旨云谷老人,及其一生转移果报,皆取之《功过》,凿凿不爽,信有之乎?予窃以为病于道也。子曰:'道不远人,人之为道而远人,不可以为道。'今之言道者,高之或沦于虚无,以为语性而非性也;卑之或出于功利,以为语命而非命也。非性非命,非人也,则皆远人以为道者也。然二者同出异名,而功利之惑人为甚,老氏以虚言道,佛氏以无言道,其说最高妙,虽吾儒亦视以为不及。乃其意主于了生死,其要归之自私自利,故太上有《感应篇》,佛氏亦多言因果,大抵从生死起见,而动援虚无以设教。猥云功行,实恣邪妄,与吾儒惠迪从逆之旨霄壤。是虚无之说正功利之尤者也。"所以他把民间的善书思想和立命之学,从儒学的正统思想意识中排除出去。为反对袁了凡的"功过格"立命之学,他起而作《人谱》,只记过不记功,以此作为与袁了凡对立的另类功过格体系。张尔岐将袁了凡斥为异端,撰《袁氏立命说辨》专驳袁了凡《功过格》及《立命篇》之非:"予读袁氏立命说而心非之,曰立命,诚是也。不曰夭寿不贰,修身以俟之乎?乃琐琐责效,取二氏因果报应之言,以附吾儒惠迪吉、从逆凶、积善余庆、积不善余殃之旨。好诞者乐言之,急富贵、嗜功利者更乐言之,递相煽诱,附益流通,莫知其大悖于先圣而阴为之害也!夫大禹孔子所言,盖以理势之自然者为天,非以纪功录过铢铢而较者为天也。盖言天之可畏,非谓天之可邀也。为臣者矜功伐以邀君宠利,不可谓忠;为子者鬻勤劳以邀父厚分,不可谓孝。况日以小惠微勤而邀天之福报,将得为善人乎。"而晚明流行的《袁了凡斩蛟记》这一短篇小说,更是讽刺袁氏的代表作。诚如上面所说,袁了凡所主张的"德"和"福"的一致并不能从理论上颇有说服力地予以证明,凭借着自身和收集到的各种资料,以讲故事的形式尝试说明一种道理,用归纳法得出的结论往往并不能全面反映事物的本质,所以并不能为正统儒家所接受。当然,也有从正面给予肯定的,比如继承了阳明和龙溪思想的周海门就对了凡《功过格》颇为赞同,这当然和心学走向禅学有关系。陆世仪早年也曾身体力行过功过格体系,并且还有自己的修身功过论——《格致篇》。清初魏象枢为《功过格》重刊作序说:"袁了凡先生《功过格》,为长吏模范,垂六十余年矣。旧日刊行海内者甚夥,而卫带黄、朱昆海两先生嗣于云中授剖删……只此'功过'二字,诸吏莫不受而循之,欲以了凡先生之书告诸海内之既入官者。"乾隆时名幕汪辉祖也曾奉行此格:"袁了凡先生《功过格》是检身要术,余于佐幕时尝试行之,借以自伤。"儒家士子为了把修身养性具体到每日每刻的实处,多采用或模仿《功过格》来实践。光绪初任两江总督的沈葆桢,于同治二年(1863)编刊《居官圭臬》,作为其自警自戒之作,在卷下也收进了袁黄的《当官功过格》。实际上,袁了凡是否有《当官功过格》,不得而知。可以知道的是,万历年间曾有人将有关官僚的规范汇集成为《当官功过格》,以袁了凡的名义流布开来。

袁了凡是一个对明清思想影响非常大的学者,他以《功过格》立身行世,无论是对后世善书的形成,还是对儒家心性论的完善,其影响和功劳都是不容忽视的。综观他一生立身行事,中华优秀传统文化在其身上得到了充分体现。在日常生活中,他始终注重自我修养,慎独自律,不断学习,积极行善;在为官期间,他关心百姓疾苦,减免赋税,赈饥救灾,兴修水利,鼓励农桑,推行各种善政,造福一方百姓;在对待个人命运方面,他一改年轻时的宿命论想法,起而反对消极的认命安命,提倡命自我立,主张通过自强不息来改变个人的命运;在为人处世方面,他主张弃恶扬善,迁善改过,崇尚和谐,尤其是他的劝善思想和实践,实为后来江南民间慈善事业之滥觞。

《了凡四训》作为袁了凡训育儿子袁天启的一部家训,其主旨是劝人为善。了凡先生以其毕生的学问和修养，融通儒道释三家思想，以自己的亲身经历，结合大量真实生动的事例，告诫其子"福祸自己求"，要自强不息，才能改变命运。在大力弘扬社会主义核心价值观的今天，此书中的某些思想对我们仍有极大的借鉴意义和教育意义，这也是今天我们需要阅读《了凡四训》的原因和意义所在。但是，作为封建时代的士大夫，袁了凡的学术和思想有其历史局限性，因此在阅读《了凡四训》时，需要我们认真鉴别，加以扬弃，使其更好地实现"古为今用"的目的。

为了使读者进一步了解袁了凡、云谷大师的生平和《了凡四训》出现的时代背景，本书附录了明清时人撰著的了凡和云谷大师传记，云栖袾宏大师删定的《自知录》和颜茂猷整理的《迪吉录格》，以及根据袁黄五兄弟回忆整理而成的记载其父母言行的《庭帏杂录》。云栖袾宏、颜茂猷二人与袁了凡是同时代的人，云栖袾宏与云谷大师的弟子憨山德清同为明末四大高僧之一，他的《自知录》即为明末流行的功过格，是书成于1606年，即了凡去世之年；颜茂猷的《迪吉录》写于1622年。云栖大师和颜茂猷整理的《功过格》是现存最早的两种明代《功过格》，由于袁了凡的《功过格》未流传下来，通过云栖大师和颜茂猷二人整理的《功过格》，从中可以窥见了凡《功过格》之一斑。上述资料，供读者参考。

目录

第一篇　立命之学 1

第二篇　改过之法 25

第三篇　积善之方 36

第四篇　谦德之效 75

附录一 83

附录二 91

附录三 100

附录四 119

第一篇　立命之学

【原文】

　　余童年丧父,老母命弃举业①学医,谓可以养生,可以济人②,且习一艺以成名,尔父夙心③也。

　　后余在慈云寺,遇一老者,修髯④伟貌,飘飘若仙,余敬礼之。语余曰:"子仕路中人也,明年即进学⑤,何不读书?"

　　余告以故,并叩老者姓氏里居⑥。

　　曰:"吾姓孔,云南人也。得邵子⑦皇极数⑧正传,数该传汝。"

　　余引之归,告母。母曰:"善待之。"

　　试其数,纤悉⑨皆验。余遂启读书之念,谋之表兄沈称。言:"郁海谷先生,在沈友夫家开馆⑩,我送汝寄学甚便。"余遂礼郁为师。

【注释】

　　①举业:为应科举考试而准备的学业,科举时代的应试文字,明、清时专指八股文。《明史·选举志一》:"诸生应试之文,通谓之举业。《四

书》义一道,二百字以上。经义一道,三百字以上。取书旨明晰而已,不尚华采也。其后标新领异,益漓厥初。"

②济人:救助别人。济,救济。

③夙心:夙愿。

④修髯(rán):修长的胡子。髯,两颊的胡子。

⑤进学:科举时代,童生应岁试,进入府、州、县学读书称进学。进学的童生称秀才。

⑥里居:家乡住址。

⑦邵子:即邵雍。字尧夫,自号安乐先生、百源先生、伊川翁等,谥号康节,北宋理学家。其先范阳(治今河北涿州)人,少时随父徙居卫州共城(今河南辉县)西北苏门山,从李之才受河图、洛书及象术之学。后返回洛阳,潜心学问,多次拒绝朝廷征召。他以《易传》为基础,参以道教思想,建立了神秘的先天象数学。认为万物皆由"太极"演化而来,太极永恒不变,而万事万物则依其创造的先天图,循环不已。著有《皇极经世书》《伊川击壤集》等。

⑧皇极数:即邵雍所著《皇极经世书》。此书集中体现了邵氏的先天象数思想。据其自述:"至大之谓皇,至中之谓极,至正之谓经,至变之谓世。"故名"皇极经世"。旨在"穷日月星辰飞走动植之数以尽天地万物之理,述皇帝王霸之事以明大中至正之道",既研究自然现象又探讨社会人事。此书以乾南坤北、离东坎西之位置排列《易经》八卦,称为"先天八卦图"。全书以先天八卦、六十四卦图像为理论依据,以元、会、运、世为主要时间概念,元、会、运、世各有卦象表示,通过卦象的变化来阐释宇宙、自然及社会人事的发展变化。

⑨纤悉:微小,细微。

⑩开馆:开设学馆教授学生。

【译文】

我很小的时候父亲就过世了,我母亲让我放弃科举,改行学医。她说,学医不但能养活自己,还能够济世救人。并且凭借一门精湛的技艺使自己成名,这是你父亲平素的愿望。

后来我在慈云寺遇见一位老人,这位老人相貌非凡,一脸长须,给人飘然出尘、仙风道骨的感觉,于是我很恭敬地向他行礼。他对我说:"你本是官场中人,明年就可以参加考试进学了,可是你为何不去读书呢?"

于是我把母亲让我放弃举业去学医的缘故告诉了他,并且询问了老人的姓氏、籍贯、住处。

老人回答我说:"我姓孔,是云南人,得到北宋邵康节先生皇极数的真传。照注定的命数来看,我应该把皇极数传授给你。"

于是我把老先生请回家中,并把事情的经过告诉了母亲。母亲听了之后说:"你一定要好好地招待这位老先生。"

我试探老先生的命理相术,结果都很灵验,即使一些小事也得到验证。我因此动了读书的念头,于是和表哥沈称商量,他对我说:"郁海谷先生在沈友夫家中开馆授徒,我送你到那里寄宿读书,非常方便。"于是我便拜郁海谷先生为老师。

【原文】

　　孔为余起数①:县考②童生③,当十四名;府考④七十一名,提学考⑤第九名。明年赴考,三处名数皆合。复为卜终身休咎⑥,言某年考第几名,某年当补廪⑦,某年当贡⑧,贡后某年,当选四川一大尹⑨,在任三年半,即宜告归。五十三岁八月十四日丑时,当终于正寝,惜无子。余备录而谨记之。

　　自此以后,凡遇考校⑩,其名数先后,皆不出孔公所悬定⑪者。独算余食廪米九十一石五斗当出贡,及食米七十一石,屠宗师即批准补贡,余窃疑之。后果为署印⑫杨公所驳,直至丁卯年,殷秋溟宗师见余场中备卷,叹曰:"五策⑬,即五篇奏议也,岂可使博洽淹贯⑭之儒,老于窗下乎?"遂依县申文⑮准贡,连前食米计之,实九十一石五斗也。

余因此益信进退有命,迟速有时,澹然⑯无求矣。

【注释】

①起数:占卜用语。通过现实生活中事物的各种表征,按照既定的规则换算为数,搭配成卦,然后分析卦变的各种可能性,由此推算事物未来的发展方向。

②县考:即县试,由知县主持的考试。明、清两代,读书人要获得生员(秀才)资格,需进行资格考试,分县试、府试、院试三个阶段。取得出身的童生,由本县廪生保结后才能报名赴考,一般考四到五场,考试内容为八股文、试帖诗、经论、律赋等。只有通过县试后,才有资格参加下一阶段的府试。

③童生:明、清时期对没有考上秀才的读书人的称呼。

④府考:即府试。明、清时期童生试的第二阶段考试,由各府长官主持。经县试录取的童生可参加管辖该县的府(或直隶州、厅)试。通过者方能参加院试。

⑤提学考:即院试。明、清时期童生试的第三阶段考试。凡通过县试、府试的童生,即可参加由各省学政主持的考试,因学政又称提督学院,故院试又称提学考。通过院试后,童生即可获得生员资格,也就是通常所说的"秀才"。提学,是宋代以后管理地方学校与教育事务的官员。北宋崇宁二年(1103)于各路设提举学事司,内设提举学事官一员,简称提学,掌管一路州县学政。南宋沿之,金设提举学校官,元设儒学提举司。明代在各地设提调学校官,两京以御史充任,各省以按察司副使、佥事充任,称提督学道或提学道,负责管理一省的学校教育,并主持院试。

⑥休咎:吉凶祸福。

⑦廪:廪膳生员,简称廪生。明、清两代由官府发放粮食、俸禄的生员,人数有限额。明代规定,府学四十人、州学三十人、县学二十人,每人每月给米六斗,鱼肉若干。经岁、科两试一等前列者,才能取得廪生资格。廪生在生员中地位最高,以下别分等级依次为增广生员、附学生员(附生)。若食廪人数不足,可由增广生员(增生)充任。廪生中资历老者,可选充岁供。

⑧贡:即贡生。明、清时各府、州、县儒学中取得入京师国子监读书资格的生员。明、清两代贡生明目不同,明代有岁贡、选贡、恩贡、纳贡,清代有恩贡、拔贡、副贡、岁贡、优贡和例贡,除纳贡和例贡是通过捐纳钱财获得入监资格外,其他均须通过考选获得入监资格。

⑨大尹:古代对府、县行政长官的称呼。

⑩考校:指各类考试。

⑪悬定:预先料定。

⑫署印:暂时代理。

⑬策:古代考试的一种文体,策是策问。起源于汉代,汉代皇帝常把经义或政治、经济问题书之于策,要求臣民应答,谓之"策问"。根据其义阐发议论者称"射策",针对具体问题陈述政见者称"对策"。后世科举亦采用这一方法。

⑭博洽淹贯:形容人知识渊博。

⑮申文:行文呈报。

⑯澹然:内心平静、恬淡。

【译文】

孔先生曾给我推算我命里注定的命数,他说,在你做童生的时候,县考会考到第十四名,府考会考第七十一名,提学考会考第九名。到了第二年,我前去参加考试,三次考试所考取的名次和他推算的完全一样。接着孔先生又给我推算一生的吉凶祸福,他说,你某年会考取第几名,某年会成为廪生,某年会成为贡生。等到贡生出贡之后,你会被选派任命为四川某府或县的长官,在任上三年半之后便应该辞官还乡。在你五十三岁那年八月十四日丑时,你会在家中寿终正寝。可惜你命里注定没有儿子。我把他的话一一记录下来,并牢记心中。

  从此以后,我遇到的所有考试,所考名次都不出孔先生事先为我所推算的名次。唯独算我做廪生时应领的禄米,领到九十一石五斗时才会出贡。哪知道当我领到七十一石的时候,学台屠宗师就批准我补了贡,我私下开始怀疑孔先生的推算了。后来果然被代理学正的杨宗师驳回,没能补为贡生。直到丁卯年,殷秋溟宗师看了我考场中的备卷之后,叹息说:"这个人作的五篇策,就像写给皇帝的五篇奏折啊!怎么能让知识如此广博的人,一生终老在寒窗之下呢?"于是他就让县官呈文申请,批准我补了贡生。经过这番波折,连同之前我所领的禄米一起计算,正好是九十一石五斗。

  从此,我更加相信:人一生的进退荣辱都是命中注定的,而运气的迟早快慢,也都有一定的时候。既然如此,我也就淡然无求了。

【原文】

  贡入燕都①,留京一年,终日静坐,不阅文字。己巳归,游南雍②,未入监③。先访云谷会禅师④于栖霞山中,对坐一室,凡三昼夜不瞑目。

  云谷问曰:"凡人所以不得作圣者,只为妄念相缠耳。汝坐三日,不见起一妄念⑤,何也?"

  余曰:"吾为孔先生算定,荣辱生死,皆有定数⑥,即要妄想,亦无可妄想。"

  云谷笑曰:"我待汝是豪杰,原来只是凡夫。"

  问其故。曰:"人未能无心,终为阴阳所缚,安得无数?但惟凡人有数;极善之人,数固拘他不定;极恶之人,数亦拘他不定。汝二十年来,被他算定,不曾转动一毫,岂非是凡夫?"

余问曰:"然则数可逃乎?"

曰:"命由我作,福自己求。诗书所称,的⑦为明训。我教典中说:'求富贵得富贵,求男女得男女,求长寿得长寿。'夫妄语⑧乃释迦⑨大戒,诸佛菩萨,岂诳语⑩欺人?"

余进曰:"孟子⑪言:'求则得之。'是求在我者也。道德仁义可以力求;功名富贵,如何求得?"

云谷曰:"孟子之言不错,汝自错解耳。汝不见六祖⑫说:'一切福田⑬,不离方寸⑭;从心而觅,感无不通。'求在我,不独得道德仁义,亦得功名富贵。内外双得,是求有益于得也。若不反躬内省⑮,而徒向外驰求,则求之有道,而得之有命矣。内外双失,故无益。"

【注释】

①燕都:即都城北京,因古时为燕国都城而得名。朱元璋建立明朝后,定都南京。明成祖朱棣即位后,于永乐十九年(1421)正月正式迁都北京,改南京为留都。此后,北京一直是明朝都城。

②南雍:南京国子监。明代国子监分南、北二监,南京国子监又称"南监""南雍",北京国子监又称"北监""北雍"。

③监:即国子监,是隋朝至清朝的全国教育管理机构和最高学府。

④云谷会禅师:明代高僧。俗姓怀,浙江嘉善人。法名为法会,又号云谷。自幼出家,初投本乡大云寺,后拜法舟道济禅师为师。他谨遵法舟禅师"悟心为主"的教导,潜心修习,"从此一切经教,及诸祖公案,了然如睹家中故物"。提倡禅、净、教诸宗融合、儒佛一致,是当时最富盛名的禅师。

⑤妄念:虚妄不实的念头。

⑥定数:一定的气数、命运。古人认为国家的兴亡、人世的祸福皆由天命或某种不可知的力量所决定。

⑦的:的确,确实。

⑧妄语:佛教五戒之一。以欺他之意,作不实之言。《智度论》十四:"妄语者,不净心欲诳他。覆隐实,出异语,生口业,是名妄语。"《大乘义章》卷七:"言不当实,故称为妄。妄有所谈,故称妄语。"

⑨释迦:佛祖释迦牟尼的简称,此处指佛教。

⑩诳语:谎话,大话。

⑪孟子:名轲,字子居,亦称子舆。战国时期的著名思想家,儒家学派的代表人物。受业于子思之门人,继承和发扬了孔子学说。曾周游齐、宋、滕、魏等国,一度被齐宣王召为客卿,因主张不见用,退而与弟子万章、公孙丑等著书立说。以孔子继承者自居,抨击杨、墨和农家思想。在政治上提出"仁政""王道"学说与"民贵君轻"思想,主张"性善论",认为人人都具备天赋的道德意识仁、义、礼、智。其学说对后来儒家影响很大,被后世尊为"亚圣",与孔子并称"孔孟"。

⑫六祖:即禅宗六祖惠能。俗姓卢,生于南海(今广东广州)新兴。幼年丧父,长大后卖柴养母。从小目不识丁,某日闻人诵《金刚经》,有所醒悟,遂辞母北上,投在湖北黄梅五祖弘忍大师门下为行者,充当杂役。后弘忍为寻法嗣,命门人各呈一偈,因作"菩提本无树,明镜亦非台;本来无一物,何处惹尘埃"一偈,战胜同门神秀,得弘忍传授衣钵。因惧人争夺,遂归岭南,在南海法性寺剃发为僧,后移居曹溪宝林寺,开演东山法门,弘扬"不立文字,教外别传""直指人心,见性成佛"的顿悟法门。其生平言论被弟子编成《六祖坛经》,简称《坛经》,是佛教禅宗的重要经典。

⑬福田:佛教用语。佛教认为,供养布施,行善修德,能获得福报。犹如农夫耕种田地,秋天收获,故称福田。根据诸佛经的不同记载,有二福田、三福田、四福田、五福田、八福田之说。

⑭方寸:指人的内心。

⑮反躬内省(xǐng):指反省自己的言行举止,看是否有过失。躬,自身。省,反思,反省。

【译文】

我当了贡生之后,按照规定,要到北京国子监继续读书。在京城的一年时间里,我一天到晚静坐不动,也不看书。己巳年我从京城返回,来到南京国子监读书,当时还没有进入南京国子监之中。在进入国子监之前,我去栖霞山拜访了云谷禅师,我和云谷禅师面对面地坐在一个房间之内,三天三夜连眼睛都没有闭一下。

云谷禅师问我说:"普通人之所以不能够成为圣人,原因就在于他们被一些虚妄的念头所缠绕。而你在我这里静坐三天三夜,却没有见你生出一个虚妄的念头,这是什么缘故呢?"

我说:"我的命已经被孔先生算定了,一生的荣辱生死皆有定数,即使我有虚妄的念头,也毫无用处,所以干脆就不想了。"

云谷禅师笑着说:"我本来把你当做豪杰一样看待,现在才知道你原来也不过是一介凡夫。"

我向他询问缘故。云谷禅师说:"一个普通人,不能说没有胡思乱想的那颗意识心;既然有这一颗一刻不停的妄心在,那就要被阴阳气数束缚了;既然被阴阳气数束缚,怎么可说没有命数呢?但只有普通人才会被命数束缚。若是一个极善之人,命数就无法拘束他;极恶之人,命数也无法拘束他。你二十年来,命运被孔先生算得清清楚楚,不曾把命数转动一分一毫,难道你不是一介凡夫吗?"

我询问云谷禅师:"照您的说法,人是可以从命数的束缚中逃脱的了?"

云谷禅师说:"命运是自己所为,福分要靠自己争取。诗书中所讲的道理,确实是明明白白的训诫。我们佛教的经典说:'求富贵得富贵,求男女得男女,求长寿得长寿。'妄语是佛家大戒,诸佛菩萨怎么会说谎来欺骗世人呢?"

于是我进一步追问:"孟子曾说:'凡是求取的,就可以得到。'这是说那些取决于我的事情。道德仁义,是我可以尽力去求的;功名富贵怎样才可以求到呢?"

云谷禅师说:"孟子的话没有错,但你的解释错了。你没见禅宗六祖惠能说:'世间一切福田,都离不开人们的内心;若从内心去寻觅,就没有感应不到的。'须知求不求在于自己,若诚心去求,不但能得到道德仁义,还能得到功名富贵。内外同时得到,这种求对于得是有帮助的。一个人若不能反躬自省,而是一味地向外追求名利富贵,那么求取就有一定的道,得也有一定的命数。内在的修养和外在的价值都失去了,因此这样的求取是没有任何好处的。"

【原文】

因问:"孔公算汝终身若何?"余以实告。

云谷曰:"汝自揣①应得科第否? 应生子否?"

余追省良久,曰:"不应也。科第中人,有福相,余福薄,又不能积功累行②,以基厚福;兼不耐烦剧③,不能容人;时或以才智盖人,直心直行④,轻言妄谈。凡此皆薄福之相也,岂宜科第哉? 地之秽者多生物,水之清者常无鱼;余好洁,宜无子者一;和气能育万物,余善怒,宜无子者二;爱为生生⑤之本,忍⑥为不育之根;余矜惜⑦名节,常不能舍己救人,宜无子者三;多言耗气,宜无子者四;喜饮铄精⑧,宜无子者五;好彻夜长坐,而不知葆元毓神⑨,宜无子者六。其余过恶尚多,不能悉数⑩。"

云谷曰:"岂惟科第哉。世间享千金之产者,定是千金人物;享百金之产者,定是百金人物;应饿死者,定是饿死人物;天不过因材而笃⑪,几曾加纤毫⑫意思?即如生子,有百世之德者,定有百世子孙保之;有十世之德者,定有十世子孙保之;有三世二世之德者,定有三世二世子孙保之;其斩⑬焉无后者,德至薄也。汝今既知非,将向来不发科第,及不生子之相,尽情改刷⑭;务要积德,务要包荒⑮,务要和爱,务要惜精神。从前种种,譬如昨日死;从后种种,譬如今日生:此义理再生之身。

"夫血肉之身,尚然有数;义理之身,岂不能格天⑯。太甲⑰曰:'天作孽,犹可违;自作孽,不可活。'⑱《诗》云:'永言配命,自求多福。'⑲孔先生算汝不登科第,不生子者,此天作之孽,犹可得而违;汝今扩充德性,力行善事,多积阴德,此自己所作之福也,安得而不受享乎?《易》⑳为君子谋,趋吉避凶;若言天命有常,吉何可趋,凶何可避?开章第一义,便说:'积善之家,必有余庆。'㉑汝信得及否?"

余信其言,拜而受教。因将往日之罪,佛前尽情发露㉒,为疏㉓一通,先求登科㉔;誓行善事三千条,以报天地祖宗之德。

【注释】

①揣:估量,忖度。

②积功累行:积累功德,努力行善。

③烦剧:琐碎繁杂的事务。

④直心直行:内心坦诚,行事直率。直心,正直而无谄媚之心。直行,率性而为。

⑤生生:孳生繁衍而不停止。《易经·系辞上》:"生生之谓易。"唐孔颖达《正义》:"生生,不绝之辞。阴阳变转,后生次于前生,是万物恒生谓之易。"

⑥忍:残忍。

⑦矜惜:爱惜,珍惜。

⑧铄精:损害精神元气。铄,损害,消损。精,精神,精力。

⑨葆元毓(yù)神:保养元气,培养精神。葆,通"保"。毓,生育,养育。

⑩悉数:一一列举。

⑪因材而笃:根据每个人的善恶业因给予不同的果报。《礼记·中庸》:"天之生物,因其材而笃焉。故栽者培之,倾者覆之。"朱熹《集注》:"材,质也。笃,厚也。"材,资质,材质。此处指善恶果报的原因。笃,厚待,善待。此处意为给予。

⑫纤毫:细微,微小。

⑬斩:断绝,中断。

⑭改刷:改正与洗刷。

⑮包荒:包含荒秽。谓度量宽大。《易·泰》:"包荒,用冯河,不遐遗。"王弼注:"能包含荒秽,受纳冯河者也。"

⑯格天:用诚心感动上天。

⑰太甲:商朝君主,名至。商汤之孙,太丁之子。即位初期,因不理政事,为政暴虐,不尊成汤之法,被伊尹放逐在桐宫三年。期间悔过自新,遂被迎回复位。但据《竹书纪年》记载,伊尹放逐太甲,自立为王。太甲潜出桐宫后诛杀伊尹,自复其位。

⑱"天作孽"四句:语出《尚书·太甲》:"天作孽,犹可违;自作孽,不可逭。"意为上天降下的灾害还可以逃避,自己造成的罪孽无法逃避。违,回避。

⑲"永言配命"二句:语出《诗经·大雅·文王之什》:"无念尔祖,聿修厥德。永言配命,自求多福。殷之未丧师,克配上帝。宜鉴于殷,骏命

不易!"配命,和天命相符合而不能够违背。

⑳易:即《易经》,儒家经典之一。内容包括《经》《传》两部分,《经》主要有六十四卦和三百八十四爻,卦有卦名和卦辞,爻有爻题和爻辞,以卦和爻来占卜及象征自然与社会变化之吉凶。《传》是对《经》的解释,共七种十篇,包括《彖》上下、《象》上下、《文言》、《系辞》上下、《说卦》、《序卦》、《杂卦》,旧称"十翼"。其成书在《经》之后,相传《彖》、《象》四篇为孔子所作,此说不可信,十翼应为战国后期至西汉初人所作。

㉑"积善之家"二句:语出《易经·坤》:"积善之家,必有余庆;积不善之家,必有余殃。"意为不断行善之家,可使德泽延伸,子孙必蒙福祉;行恶之家,则会祸延子孙。庆,福祉。殃,灾祸,祸害。

㉒发露:坦白自己所犯的过失而无所隐瞒。
㉓疏:古代臣下进呈君王的奏章。此处指了凡先生所写的忏悔文字。
㉔登科:古代科举取士,放榜时分甲乙等科,故考中者称登科。后用以特称进士及第者,又称登第、及第。没考中称"落第""下第"。

【译文】

云谷禅师又问我:"孔先生算你终身的命运是怎样的?"我就把孔先生先前的推算都原原本本地告诉了他。

云谷禅师说:"你自己想想,你应该考得功名吗,应该有儿子吗?"

我想了很久,然后回答道:"我不应该获得功名,也不应有儿子。因为在科场获得功名的人,大多有福相。我这个人福薄,又不能积德行善,培育深厚的福德根基。再加上我不能承担琐碎繁重的事情,也不能宽容地对待别人。有时甚至还妄自尊大,认为自己的才能、智力高于别人,心里想怎么做就怎么做,言语轻佻,说话狂妄。像这样的行为,都是福薄之相,怎么可能考得功名呢?土地污秽不堪,却能生长万物;泉水极其清澈,鱼却难以生存。我过分地喜欢洁净,这是我不应该有儿子的第一个原因;温和之气能孕育万物,我这个人暴躁易怒,这是我不应该有儿子的第二个原因;仁爱是万物生生不息的根本,而残忍则是不能繁衍生育的根源;我非常爱惜自己的名节,不能舍己救人,这是我不应该有儿子的第三个原因;我言语太多,损耗了精气,这是我不应该有儿子的第四个原因;喜欢饮酒,消耗自己的精神,这是我不应该有儿子的第五个原因;喜欢彻夜长坐,不懂得保养自身的元气,这是我不应该有儿子的第六个原因。除此之外,我自身还存在很多其他的毛病,无法详细地列举。"

云谷禅师感慨地说道:"难道只是科举功名吗?世上能够拥有千金产业的人,一定是能获得千金福报的人;能够拥有百金产业的人,一定是能获得百金福报的人;应当被饿死的人,一定是应该受饿死报应的人;上天不过是根据每个人所做的善恶业因,而给每个人相对应的果报,又怎么可能在人们应该得到的果报之上,又掺杂一丝一毫的其他用意呢?譬如子孙繁衍,积了百世功德的人,就一定有百世子孙来保住他的福分;积了十世功德的人,就一定有十世子孙来保住他的福分;积了两三世功德的人,一定有两三世子孙保住他的福分;至于那些断嗣绝后的人,是他们功德极薄的缘故。你现在既然知道了自己过去的错误,那就应该把自己一向不能得到功名,以及没有儿子的福薄之相,尽力改正。一定要积德,一定要包容,一定要和气仁爱,一定要爱惜自己的精神。从前的一切,譬如昨日,已经死了;以后的一切,譬如今日,刚刚出生:这就是通过义理的修习而获得新生。

"血肉之躯,尚且有一定的数;而义理的、道德的生命,哪有不能感动上天的道理?商王太甲说:'上天降下的灾难,还可以逃避;自己招致的灾祸,则无法逃避。'《诗经》中说:'人要时常反省自己的所作所为是否合乎天道,才能求得美好的生活。'孔先生推算你不能得到功名,命中无子。这是上天注定的命数,但还是可以改变的。你现在要扩充自己的德行,多做善事,多积阴德,这是你自己所种的福报,怎么会享受不到呢?《易经》为君子谋划,帮助那些道德高尚的人趋吉避凶。如果说天命是无法改变的,那怎么能趋向吉利之事,又怎么能逃避凶恶之事呢?《易经》开头第一章说:'经常行善的家族,必定会获得很多的福报。'你相信吗?"

我对云谷禅师的话深信不疑,并向他拜谢,接受他的教诲。于是把自己过去所犯的过失,不论大小,在佛前一一表示忏悔。我把自己的忏悔写成一篇文章,先祈求自己能考取功名,又发誓要做三千件善事,以此来报答天地祖宗的大恩大德。

【原文】

云谷出《功过格》①示余,令所行之事,逐日登记;善则记数,恶则退除,且教持②《准提咒》③,以期必验。

语余曰:"符箓④家有云:'不会书符,被鬼神笑。'此有秘传,只是不动念也。执笔书符,先把万缘放下,一尘不起。从此念头不动处,下一点,谓之混沌开基⑤。由此而一笔挥成,更无思虑,此符便灵。"

"凡祈天立命,都要从无思无虑处感格⑥。孟子论立命之学,而曰:'夭寿不贰⑦。'夫夭寿,至贰者也。当其不动念时,孰为夭,孰为寿?细分之,丰歉不贰,然后可立贫富之命;穷通不贰,然后可立贵贱之命;夭寿不贰,然后可立生死之命。人生世间,惟死生为重,曰夭寿,则一切顺逆皆该⑧之矣。

"至修身以俟⑨之,乃积德祈天之事。曰修,则身有过恶,皆当治而去之;曰俟,则一毫觊觎⑩,一毫将迎,皆当斩绝之矣。到此地位,直造⑪先天之境,即此便是实学⑫。汝未能无心,但能持《准提咒》,无记无数,不令间断,持得纯熟,于持中不持,于不持中持。到得念头不动,则灵验矣。"

【注释】

①功过格:初指道士逐日登记行为善恶以自勉自省的簿册,后流行

于民间,泛指用分数来表现行为善恶程度、使行善戒恶得到具体指导的一类善书。具体做法是把这类善书分别列为功格(善行)和过格(恶行)两项,并用正负数字标示。奉行者每晚自省,将每天行为对照相关项目,给各善行打上正分,恶行打上负分,只记其数,不记其事,分别记入功格或过格。月底作一小计,每月一篇,装订成本。每月如此进行,年底再将功过加以总计。功过相抵,累积之功或过,转入下月或下年,以期勤修不已。

②持:持诵,念诵。

③准提咒:出自《准提陀罗尼经》。咒语为:"南无飒哆喃,三藐三菩陀,俱胝喃,怛侄他,唵,折戾主戾,准提娑婆诃。"

④符箓:道士用来避邪、驱使鬼神的神秘文字。道教法术之一。由一些笔画弯曲、似字非字的线条或图形组成,用丹砂或墨书写,又称"丹书""墨箓"。

⑤混沌开基:道教用语。本指天地未分时的混沌状态,道家将其视为修行过程中的一种境界。混沌,指入静后,处于物我两忘的状态。天地物我,虚空无际,阴阳四象,同归合一。开基,开创,开始。

⑥感格:感应,感化。

⑦夭寿不贰:语出《孟子·尽心上》:"夭寿不贰,修身以俟之,所以立命也。"夭,短命。寿,长寿。不贰,没有差别。

⑧该:包含,包括。

⑨俟:等待,等候。

⑩觊觎(jìyú),非分的希望或企图。

⑪造:达到,抵达。

⑫实学:真实有用的学问。

【译文】

云谷禅师把《功过格》拿给我看,让我把自己每天做的所有事都记录在上面。做了善事就记上,做了恶事就和之前所做的善事相抵消。他还叫我持诵《准提咒》，以期能应验。

云谷禅师又对我说："画符箓的道士们说：'一个人如果不会画符，是会被鬼神嘲笑的。'画符有一个秘密的方法，就是不起杂念而已。当执笔画符的时候，要把心中所有的想法全部摒除，心中没有一丝杂念，成为清净心。在念头不动的时候，拿笔在纸上点上一个点，这一点就叫作混沌开基。从这一点开始，一挥而就，在此过程中心中没起丝毫杂念，那么这道符就会非常灵验。"

"但凡向天祈祷并且想修身养性以奉天命的人，都必须从没有思虑的地方感应万物。孟子在谈到立命之学时说：'短命和长寿没什么差别。'寿命的长短在常人看来是完全不同的。但当我们心中无思无虑，没有丝毫杂念的时候，又怎么晓得什么是短命什么是长寿呢？如果把立命这两个字细分来讲，那么看丰收和歉收也没什么差别，然后才能立贫富之命；把穷困和显达看得没什么差别，然后才能立贵贱之命；把短命和长寿看得没有分别，然后才能立生死之命。人生在世，只有生与死是最重要的，谈到短命与长寿，那么人一生所有的顺境和逆境都包含在里面了。

"修养身心以等待天命，说的是通过积德来祈求上天的事。讲到'修'，就是说身上有一些过错和罪恶，应该像治病一样，将其完全消除；讲到'俟'，就是说心中有一丝一毫的非分之想、逢迎之心，都要果断地把它斩除断绝。到了这一境界，秉持无念无求的心态，直达无上的先天之境，那么这就是真实有用的学问了。现在你还不能够做到无心无念，只要你一心去诵读《准提咒》，不记所念遍数，不要中断，一旦诵念的功夫纯熟，达到持中不持、不持中持的地步。修为到了心念在任何时候都不动的境界之中，自然一切所求就灵验了。"

【原文】

余初号学海，是日[①]改号了凡；盖悟立命之说，而不欲落凡夫窠臼[②]也。从此而后，终日兢兢[③]，便觉与前不同。前日只是悠悠放任④,到此自有战兢惕厉⑤景象。在暗室屋漏中,常恐得罪天地鬼神;遇人憎我毁我,自能恬然容受。

到明年,礼部⑥考科举,孔先生算该第三,忽考第一,其言不验,而秋闱⑦中式⑧矣。然行义未纯,检身⑨多误;或见善而行之不勇,或救人而心常自疑,或身勉为善而口有过言,或醒时操持而醉后放逸⑩。以过折功,日常虚度。自己巳岁发愿⑪,直至己卯岁,历十余年,而三千善行始完。

时方从李渐庵入关,未及回向⑫。庚辰南还,始请性空、慧空诸上人⑬,就东塔禅堂回向。遂起求子愿,亦许行三千善事。辛巳,生男天启。

【注释】

①是日:此日,这天。

②窠臼(kējiù):本指旧式建筑门上承受转轴的臼形小坑。后比喻陈旧、一成不变的规格模式。

③兢兢:小心谨慎的样子。《尚书·皋陶谟》:"无教逸豫有邦,兢兢业业,一日二日万几。"

④悠悠放任:随随便便,无拘无束。

⑤战兢惕厉:戒慎警惕,心存畏惧。战兢,戒慎恐惧的样子。《后汉书·和熹邓皇后纪》:"承事阴后,夙夜战兢。"惕厉,因恐惧危难而警惕,指君子修身自省。《后汉书·明德马皇后纪》:"故日夜惕厉,思自降损;居不求安,食不念饱。"

⑥礼部:隋代以后中央行政机构六部之一。掌管国家的典章制度、祭祀、学校及科举考试等事务,长官为礼部尚书,下设侍郎、郎中、员外郎、主事等官。明制,会试由礼部主持,于乡试的第二年在京师举行。

⑦秋闱：即乡试。明、清两代规定每三年在各省省城(包括京师)举行乡试，参加者为各级学校的生员，通过者称为举人。因考期在八月，时值秋季，故亦称秋闱。

⑧中式：指科举考试合格。明清时期，乡试被录取为举人，会试、殿试后进士及第，皆称中式。

⑨检身：检点自身。

⑩放逸：放纵心思，任性妄为。

⑪发愿：佛教用语。指普度众生的广大愿心。

⑫回向：佛教用语。是佛学修行过程中一个非常重要的修习方式，意思是指自我所修养的功德，不愿意独自享有，而是能够回转归向众生共同享有，并在这个基础上使得个人的心胸得到拓展，功德修习方向更加明确。

⑬上人：多用作对和尚的尊称。《释氏要览·称谓》引古师云："内有德智，外有胜行，在人之上，名上人。"

【译文】

我最初号学海，从这天起我就改号为了凡：因为我明白了立命之道，不想再落到凡夫俗子的旧套路里去了。从此以后，我每天小心谨慎，觉得自己与以前大不相同。过去我总是放任自己，无拘无束，而现在自然有心存敬畏、凡事小心警惕的样子。即使是在暗室或无人之处，也常常担心会得罪天地鬼神；遇到憎恨我、毁谤我的人，也能坦然接受，不与他们计较。

到了第二年，我参加礼部主持的考试，孔先生算定我应当考中第三名，但我却出乎意料考了第一名，孔先生的推算开始不灵验了。在秋季举行的乡试中，我中了举人。然而我仍然觉得自己修行不够，自我反省后，觉得自身还存在很多过错。譬如，有时遇到该做的善事，自己不能勇敢地去做；有时救助别人却心存疑虑；有时自己努力去做善事，但却说了一些不该说的话；清醒的时候能保持操守，但醉酒后却放纵自己。用自己的过失来抵消自己的功劳,日子算是虚度了。从己巳年发愿,直到乙卯年,经过了十多年,才完成三千件善事。

那时我刚和李渐庵一同回到关内,还没来得及做回向。庚辰年,我回到南方,请来性空、慧空几位得道高僧,在东塔禅堂帮我回向。于是我又起了求子的心愿,也发誓做三千件善事。到了辛巳年,就生了你天启。

【原文】

余行一事,随以笔记。汝母不能书,每行一事,辄用鹅毛管,印一朱圈于历日①之上。或施食贫人,或放生命,一日有多至十余者。至癸未八月,三千之数已满。复请性空辈,就家庭回向。九月十三日,复起求中进士愿,许行善事一万条,丙戌登第,授宝坻知县。

余置空格一册,名曰《治心篇》。晨起坐堂②,家人携付门役,置案上,所行善恶,纤悉必记。夜则设桌于庭,效赵阅道③焚香告帝。

汝母见所行不多,辄颦蹙④曰:"我前在家,相助为善,故三千之数得完。今许一万,衙中无事可行,何时得圆满乎?"夜间偶梦见一神人,余言善事难完之故。神曰:"只减粮一节,万行俱完矣。"盖宝坻之田,每亩二分三厘七毫,余为区处⑤,减至一分四厘六毫,委有此事,心颇惊疑。适幻余禅师自五台来,余以梦告之,且问此事宜信否?师曰:"善心真切,即一行可当万善,况合县减粮,万民受福乎?"吾即捐俸银,请其就五台山斋僧一万而回向之。

【注释】

①历日:日历,历书。

②坐堂:指官吏在公堂上处理公务或审理案件。

③赵阅道:北宋名臣赵抃。字阅道,自号知非子。衢州西安(今浙江衢州)人。景祐元年(1034)进士。任殿中侍御史时,在朝弹劾不避权贵,人称"铁面御史"。后累官至参知政事,以太子少保致仕,卒后谥清献。据史书记载,他平时以一琴一鹤自随,为政简易,长厚清修,白天所做之事,晚上必衣冠露香以告于天。

④颦蹙(píncù):皱眉蹙额。形容忧愁苦闷。

⑤区处:想方设法加以协调。

【译文】

　　我每次做善事的时候,都会随时用笔记下来。你母亲不会写字,每做一件善事,她就用鹅毛管印一个红圈在日历上。有时会送食物给穷人,有时会买活物放生,每天所做的善事有时多达十余件。到了癸未年八月,三千件善事就完成了。我又请来性空和尚诸人,在家里做回向。那年九月十三,我又起了中进士的心愿,发誓要做一万件善事。到了丙戌年,果然中了进士,被朝廷任命为宝坻县知县。

　　我准备了一个空白的小册子,取名叫《治心篇》。每天早晨我到公堂处理公务的时候,就让家人将这个小册子交给看门的衙役,然后将小册子放在我的书案上。每天所做的善事和恶事,不分大小,都详细地记录下来。到了晚上,便在院子里摆上桌子,效仿赵阅道的做法,焚香向上天禀告。

　　你的母亲看到我所做的善事不多,经常皱着眉头对我说:"以前在家的时候,我帮你做善事,所以三千件善事才能很快完成。如今你又许下了一万件善事,但是现在衙门之中没有什么善事可做,不知道要到什么时候才能够完成呢?"一天夜里,我做梦梦到一位仙人,就把一万件善事难以完成的原因告诉了他。仙人说:"仅凭你在知县任上减免百姓税粮这件事,就足以抵得上你做一万件善事了。"原来,宝坻县的田税,每亩要收银二分三厘七毫,我对全县的田税进行了调整,每亩减到一分四厘六毫。虽然确实有这件事，但还是感到十分惊讶和疑惑。恰好幻余禅师从五台山来到宝坻县，我就把梦里的事告诉了他，并问他梦中之事是否可信。幻余禅师说："只要你做善事的心是真诚恳切的，那么一件善事就可以抵得上一万件善事了。何况减免全县的税粮，使万千百姓受福呢？"听了幻余禅师的话，我立即捐出我所得的俸银，请他在五台山斋僧一万人，并把斋僧的功德回向。

【原文】

　　孔公算予五十三岁有厄①，余未尝祈寿，是岁竟无恙②，今六十九矣。《书》曰："天难谌，命靡常。"③又云："惟命不于常。"④皆非诳语。吾于是而知凡称祸福自己求之者，乃圣贤之言；若谓祸福惟天所命，则世俗之论矣。

　　汝之命，未知若何？即命当荣显，常作落寞想；即时当顺利，常作拂逆⑤想；即眼前足食，常作贫窭⑥想；即人相爱敬，常作恐惧想；即家世望重，常作卑下想；即学问颇优，常作浅陋想。远思扬德，近思盖父母之愆⑦；上思报国之恩，下思造家之福；外思济人之急，内思闲⑧己之邪。务要日日知非，日日改过。一日不知非，即一日安于自是；一日无过可改，即一日无步可进。天下聪明俊秀不少，所以德不加修，业不加广者，只为因循⑨二字，耽阁⑩一生。云谷禅师所授立命之说，乃至精至邃⑪、至真至正之理，其熟玩⑫而勉行之，毋自旷⑬也。

【注释】

①厄：灾难，困苦。

②无恙:没有疾病灾祸。

③天难谌(chén),命靡常:语出《尚书·咸有一德》。难谌,不能相信。谌,相信,信任。靡常,无常,没有定规。

④惟命不于常:语出《尚书·康诰》:"惟命不于常。道善则得之,不善则失之矣。"命,命运。不于常,不是一成不变。

⑤拂逆:不顺,逆境。

⑥贫窭(jù):贫困,贫穷。窭,生活困窘。

⑦愆(qiān):过错,过失。

⑧闲:防制,遏制。

⑨因循:怠惰,闲散。

⑩耽阁:耽搁,耽误。

⑪邃(suì):深远,精深。

⑫熟玩:认真钻研。

⑬自旷:自我懈怠。旷,荒废,耽误。

【译文】

孔先生推算我五十三岁时会有灾难,我没有祈求长寿,这一年我安然无恙,如今我已经六十九岁了。《尚书》说:"天道是难以相信的,命运不是固定不变的。"又说:"命运不是一成不变的。"这些都不是骗人的话。我这才知道:凡是说祸福是自己求来的,都是圣贤之言;如果说祸福是由上天安排的,那便是凡夫俗子的论调了。

你的命运不知道会是怎样的。即使你命中该享受荣华富贵,也要时常想到自己会落寞失意,穷困潦倒;即使你处在顺境之中,还是要设想自己身处逆境;即使你现在有足够的食物,还是要设想自己贫困;即使你受人爱戴尊敬,还是要怀有惶恐敬畏之心;即使出生于名门望族,也要常把自己放在低微的位置上;即使你学问出众,也要把自己当作浅陋之人来想。从长远来讲,要想着发扬祖宗流传下来的美德,从近处来讲,要想着弥补父母的过失;从上面来讲,要想着报答国家的恩惠,从下面来讲,要想着为家人造福；对外要想着救人之急，对内要想着遏制自己的邪念。一定要每天反省自己所犯的过错，每天都改掉自己的过错。一天不知道自己的过错，就一天自以为是，停滞不前；一天没有错误改正，就说明这一天没有任何进步。天底下聪明俊秀的人不少，然而他们不去努力提高自己的品德，也不去发展自己的事业，只不过是因为"因循"这两个字，固步自封，不思进取，就这样耽误了自己的一生。云谷禅师传授的立命之说是至精至深、至真至正的道理，你一定要认真领会，努力践行，千万不要自我荒废。

第二篇　改过之法

【原文】

　　春秋诸大夫①，见人言动，亿②而谈其祸福，靡③不验者，《左》《国》④诸记可观也。

　　大都吉凶之兆，萌⑤乎心而动乎四体。其过于厚者常获福，过于薄者常近祸，俗眼多翳⑥，谓有未定而不可测者。至诚合天，福之将至，观其善而必先知之矣；祸之将至，观其不善而必先知之矣。今欲获福而远祸，未论行善，先须改过。

【注释】

①大夫：官爵名。周代官制，诸侯国国君之下有卿、大夫、士三级，大夫指高于士低于卿的官僚阶层。春秋时期的大夫是由宗亲分封而来，职位世袭，有封地。
②亿：同"臆"。推断，揣测。
③靡：无，没有。
④《左》《国》：《左传》和《国语》。《左传》全称为《春秋左氏传》，为我国第一部叙事完备的编年体史书，儒家经典之一。相传为春秋时期鲁国史官左丘明所作，记事起于鲁隐公元年（前722），迄于鲁悼公四年（前

464），并叙及悼公十四年（前454）之事。以纪事为主，同时集录了许多春秋以前的史事和传说。《国语》是我国最早的一部国别史著作，相传为春秋时鲁国史官左丘明所作。主要记载了周王室和鲁、齐、晋、郑、楚、吴、越等诸侯国的历史，起于周穆王，终于前453年赵、魏、韩三家灭智伯。由于它和《左传》都传为左丘明所作，故后世称《左传》为"内传"，称《国语》为"外传"。

⑤萌：萌生，萌芽。

⑥翳（yì）：眼中有斑点影响视力，此处喻指受到蒙蔽而看不清东西。

【译文】

春秋时期的诸位士大夫，他们通过观察一个人的言行举止，就能推测出这个人的吉凶祸福，他们的推测没有不应验的。这些事情在《左传》《国语》的记载中可以看到。

大多数时候，一个人吉凶祸福的征兆，是从他的内心之中萌发，然后通过他的行为举止表现出来。那些厚道的人常常能获得福报，而刻薄的人常常遭遇灾祸。普通人的双眼好像得了眼病而模糊不清，无法准确地认识吉凶祸福，他们认为吉凶祸福是不确定的，并且是无法预测的。以至诚之心对待别人，这是符合天道的。福报将要到来的时候，通过观察一个人的善行就能提前知道；灾祸将要降临的时候，通过观察一个人的恶行也能提前知道。现在想要获得福报而远离灾祸，首先要谈的不是行善，而是要先改正自己所犯的过错。

【原文】

但改过者，第一，要发耻心。思古之圣贤，与我同为丈夫，彼何以百世可师？我何以一身瓦裂①？耽②染尘情，私行不义，谓人不知，傲然无愧，将日沦于禽兽而不自知矣。世之可羞可耻者，莫大乎此。孟子曰："耻之于人大矣。"以其得之则圣贤,失之则禽兽耳。此改过之要机③也。

　　第二,要发畏心。天地在上,鬼神难欺,吾虽过在隐微④,而天地鬼神,实鉴临⑤之,重则降之百殃,轻则损其现福,吾何可以不惧? 不惟此也。闲居之地,指视昭然⑥;吾虽掩之甚密,文⑦之甚巧,而肺肝早露,终难自欺;被人觑破⑧,不值一文矣,乌得不懔懔⑨? 不惟是也。一息尚存,弥天⑩之恶,犹可悔改。古人有一生作恶,临死悔悟,发一善念,遂得善终者。谓一念猛厉⑪,足以涤⑫百年之恶也。譬如千年幽谷,一灯才照,则千年之暗俱除。故过不论久近,惟以改为贵。但尘世无常,肉身易殒,一息不属⑬,欲改无由⑭矣。明则千百年担负恶名,虽孝子慈孙,不能洗涤;幽则千百劫沉沦狱报,虽圣贤佛菩萨,不能援引。乌得不畏?

　　第三,须发勇心。人不改过,多是因循退缩;吾须奋然振作,不用迟疑,不烦等待。小者如芒刺在肉,速与抉剔⑮;大者如毒蛇啮指,速与斩除,无丝毫凝滞⑯。此风雷之所以为益也⑰。

　　具是三心,则有过斯改,如春冰遇日,何患不消乎? 然人之过,有从事上改者,有从理上改者,有从心上改者。工夫不同,效验⑱亦异。如前日杀生,今戒不杀;前日怒詈⑲,今戒不怒,此就其事而改之者也。强制于外,其难百倍,且病根终在,东灭西生,非究竟廓然⑳之道也。

【注释】

①瓦裂:像瓦片一样破裂,比喻分裂或崩溃破败。此处指声名狼藉。

②耽:沉溺,过度喜好。

③要机:要旨,关键。

④隐微:隐蔽而不显露。

⑤鉴临:审查,监视。

⑥昭然:明明白白,显露无疑。

⑦文:文饰,掩饰。

⑧觑(qù)破:看透,识破。觑,看,窥伺。

⑨懔(lǐn)懔:敬畏、危惧的样子。

⑩弥天:满天。形容极大。

⑪猛厉:勇猛刚烈。

⑫涤(dí):洗净,清除。

⑬一息不属:指断气死亡。

⑭无由:没有门路,没有办法。由,办法,途径。

⑮抉剔(juétī):搜求挑取。

⑯凝滞:受阻而停。此指迟疑不决。

⑰风雷之所以为益也:语出《周易·益》:"风雷,益,君子以见善则迁,有过则改。"《益》卦的卦象是震(雷)下巽(风)上,为狂风和惊雷互相激荡,相得益彰之表象,象征"增益"的意思。从中给人的启示就是:君子应当看到良好的行为就马上向它看齐,有了过错就马上改正,不断增强自身的美好品德。

⑱效验:功效,预期的效果。

⑲怒詈(lì):发怒骂人。詈,骂,责骂。

⑳廓然:阻滞尽除的样子。

【译文】

  但凡改过的人,第一要发羞耻之心。想想古代的圣贤,他们与我们一样都是男子汉大丈夫,为什么他们可以流芳百世成为后世效法的榜样,而我们却一事无成,甚至身败名裂呢?这是因为过分地沉溺于世俗享乐,受到外界诱惑的污染,私下里做了一些不合乎道义的事,自以为别人不知道,还表现出一副傲慢的神情,毫无羞愧之心。这样一天天沉沦下去,就会在不知不觉中变为衣冠禽兽。世上恐怕没有比这更羞耻的事了。孟子说:"羞耻之心对人至关重要。"这是因为,一个人有羞耻之心,便可以成为圣贤;若没有羞耻之心,那么就跟禽兽没什么差别。这是改正过错的关键。

　　第二,要有敬畏之心。天地在上,鬼神难欺。虽然我们所犯的错误很隐蔽,很难被别人知道,但天地鬼神都看得一清二楚。如果一个人犯的错误很大,天地鬼神就会把很多灾祸降到他身上;即使所犯的错误很小,也会折损现世的福报。我怎么可能不畏惧呢?不光如此。即使是在避开别人独自居住的地方,自己的一举一动,天地神明也看得一清二楚。即使我隐藏得再好,掩饰得再巧妙,但内心的想法早已显露出来,终究还是无法自欺欺人。如果被人暗中看破,那就更加一文不值了。因此,我怎么可能不常怀一颗敬畏之心呢?不光如此。人只要还有一口气在,即使犯了弥天大罪,依旧可以悔改。古时候有人做了一辈子坏事,在临死前悔悟了,发了一丝善念,最后得以善终。这说明,一个人内心的善念勇猛刚烈,就足以洗刷他过去犯下的所有恶行。譬如数千年的幽暗山谷,只要在里面点一盏明灯,那么数千年来的黑暗就会全部消失。所以无论什么时候犯了错误,知错就改才是最可贵的。但尘世间万事万物都变化无常,人的躯体很容易消亡,如果呼吸停止,再想改正错误,就没有任何办法了。于是,在阳间就会背负千百年的骂名,即使是孝子贤孙,也无法洗刷所犯下的罪恶;在阴间则要承受千百年的劫难,即使是圣贤的佛祖菩萨,也拯救不了。因此,我怎么可能不畏惧呢?

　　第三,要有勇敢之心。人不改过,往往是因为因循退缩。我们必须勇往直前,及时振作,不能迟疑,不要等待。小的过失就如同刺扎在自己身上,要赶快拔掉;大的过错就好比被毒蛇咬了手指,要迅速将手指切断,不能有丝毫犹豫和拖延。这就是《易经》里风雷之所以为益卦的原因。

　　如果一个人具备了羞耻心、敬畏心、勇敢心这三种心,那么有错就会及时改正,就像春天的冰雪遇到太阳一样,难道还担心不能消除吗?然而人们犯了错,有的人从错事本身去改,有的人从认识的道理上去改,有的人从自己内心去改,每个人所下的功夫不同,收到的效果自然也不一样。比如前天杀生,今天就戒除不再杀生了;前天发怒咒骂别人,今日就控制自己不发怒了。这就是将所犯的过错从事实本身改正。通过外部的力量来迫使自己改过,这样改过要难上百倍,而且错误的根源依旧存在,没有根除。东边改正了西边又出现新的错误,这不是从根本上解决问题的办法。

【原文】

　　善改过者,未禁其事,先明其理。如过在杀生,即思曰:上帝好生,物皆恋命,杀彼养己,岂能自安?且彼之杀也,既受屠割,复入鼎镬①,种种痛苦,彻入骨髓;己之养也,珍膏②罗列,食过即空,疏食菜羹,尽可充腹,何必戕③彼之生,损己之福哉?又思血气之属,皆含灵知,既有灵知,皆我一体。纵不能躬修至德,使之尊我亲我,岂可日戕物命,使之仇我憾④我于无穷也?一思及此,将有对食痛心,不能下咽者矣。

　　如前日好怒,必思曰:人有不及,情所宜矜⑤。悖理⑥相干,于我何与?本无可怒者。又思天下无自是之豪杰,亦无尤人⑦之学问,有不得,皆己之德未修,感未至也。吾悉以自反,则谤毁之来,皆磨炼玉成⑧之地,我将欢然受赐,何怒之有?又闻而不怒,虽谗焰薰天⑨,如举火焚空,终将自息。闻谤而怒,虽巧心力辩,如春蚕作茧,自取缠绵⑩。怒不惟无益,且有害也。其余种种过恶,皆当据理思之。此理既明,过将自止。

【注释】

①鼎镬(huò):鼎和镬,古代两种用来烹饪的器具。
②珍膏:珍贵肥美的食物。
③戕(qiāng):杀害,残害。
④憾:仇恨,怨恨。
⑤矜(jīn):同情,怜悯。
⑥悖(bèi)理:违背事理,不合情理。
⑦尤人:抱怨、责怪别人。
⑧玉成:成全,帮助使成功。
⑨薰天:形容气势极盛。
⑩缠绵:缠绕,束缚。

【译文】

　　善于改正自己过错的人,在从具体的行为上改正之前,就已经把其中的道理弄清楚了。比如犯了杀生之错,就要想到:上天有好生之德,世间万物都珍惜自己的生命。杀害其他生命来养活自己,这样做又怎么可能心安理得呢?况且当这些生灵被杀害时,既要经受宰割之苦,又要忍受鼎镬烹煮的痛苦,种种痛苦,深入骨髓。为了满足自己的口腹之欲,将各种山珍海味摆在自己面前,吃过以后,这些美食被肠胃消化,我们腹中依旧空空如也。疏食菜羹同样能填饱肚子,何必要杀害其他生灵而折损自己的福寿呢?再细想一下,凡是有血肉、有气息的生灵,它们都有灵知,既然有灵知,那就与我同属一体。即使我不能培养出像圣贤那样至高无上的德行,让它们尊敬我、亲近我,但怎么可以伤害它们的生命,让它们无穷无尽地怨恨我呢?一想到这里,看到饭桌上用生灵烹制的食物,我就非常痛心,吃到嘴里的食物也难以下咽。

　　比如从前喜欢发怒,就要想到:每个人都有自己的不足,从情理上来说,这是可以同情和原谅的。倘若违背情理与他人争执,这对我又有什么好处呢?这本来就没有什么值得发怒的。又想到天底下从来没有自以为是的豪杰,也没有使人心生怨恨的学问。有不能得到的,那是因为自己的德行修养不够,还没有达到能够感动上天的地步。这些我都要自我反省,那么别人对我的诽谤和诋毁,都是对我人生的磨炼和督促,我应该欣然接受,有什么值得生气的呢?听到别人诽谤自己也不生气,即使诋毁我的话像熊熊大火一样气焰熏天,也不过是举着火把在空中燃烧,终究会自己熄灭。听到别人诽谤自己而生气,即使费尽心机为自己辩解,也如同春蚕作茧自缚。生气发怒不光对自己没有任何好处,反而对自己有害。其他的各种过错和罪恶,都应该根据这个道理来思考。倘若能明白这个道理,过错就自然能改正。

【原文】

何谓从心而改?过有千端,惟心所造;吾心不动,过安从生?学者于好色、好名、好货、好怒,种种诸过,不必逐类寻求,但当一心为善,正念现前,邪念自然污染不上。如太阳当空,魑魅①潜消②,此精一③之真传也。过由心造,亦由心改,如斩毒树,直断其根,奚必枝枝而伐,叶叶而摘哉?

大抵最上治心,当下清净;才动即觉④,觉之即无;苟⑤未能然,须明理以遣之;又未能然,须随事以禁之。以上事而兼行下功,未为失策;执下而昧⑥上,则拙矣。

顾发愿改过,明须良朋提醒,幽须鬼神证明。一心忏悔,昼夜不懈,经一七⑦、二七,以至一月、二月、三月,必有效验。或觉心神恬旷;或觉智慧顿开;或处冗沓⑧而触念皆通;或遇怨仇而回嗔作喜⑨;或梦吐黑物;或梦往圣先贤,提携接引⑩;或梦飞步太虚⑪;或梦幢幡⑫宝盖^⑬。种种胜事,皆过消灭之象也。然不得执此自高,画^⑭而不进。

【注释】

①魍魉(wǎngliǎng):传说中的山川精怪。

②潜消:暗中消除。

③精一:指道德修养精粹纯一。语出《尚书·大禹谟》:"人心惟危,道心惟微,惟精惟一,允执厥中。"

④觉:发觉,觉察。

⑤苟,如果,假使。

⑥昧:掩蔽,蒙蔽。

⑦一七:即七天。后文二七即十四天。

⑧冗沓:事务冗杂重沓。此处指烦琐忙碌的环境。

⑨回嗔(chēn)作喜:由生气转为高兴。嗔,怒,生气。

⑩接引:佛教用语。为接取、引导之意,谓诸佛菩萨引导摄受众生。

⑪太虚:太空,宇宙。

⑫幢幡(chuángfān):指佛、道教所用的旌旗,建于佛寺或道场之前。分言之则幢指竿柱,幡指所垂长帛。

⑬宝盖:佛道或帝王仪仗等的伞盖。

⑭画:截止,停止。

【译文】

什么叫从内心改正过错呢?人们所犯的错误有成千上万种之多,但都是从自己的内心产生的。如果我们的内心不起任何念头,过错又怎么可能产生呢?读书人对于爱好美色、贪图名利、贪求财物、喜欢发怒等种种过错,不必一项一项去寻求改过的方法。只要能一心行善,正当的念头显现于目前,邪念自然就不能污染我们。就像烈日当空,鬼怪都会消失得无影无踪。这是精纯专一的改过之法。过错是从自己内心产生的,也应该从内心来改正。就好比要铲除一棵毒树,直接砍断它的根部,何必要一根枝条一根枝条地去砍,一片叶子一片叶子地去摘呢?

一般来说,改过最好的办法是修心,当下就能使自己的内心变得清净。心中刚刚出现一个恶念,就能立刻觉察到,然后马上让这个念头消失。如果达不到这种境界,就必须明白其中的道理,从而打消自己内心的恶念。如果连这也做不到,那只好在错事将犯时,用强制的方式来禁止自己犯错。如果能以上乘的修心止恶之法,再加上下乘的明理和禁止这两种方法,以此来控制自己内心的邪念,那么还不算失策。如果只执着于下乘的方法而不会用上乘的方法,那就显得很愚蠢了。

发愿改过,明里需要良师益友时刻提醒自己,暗中需要鬼神监督证明。这样一心一意地虔心悔过,不管白天黑夜都不懈怠,经过七天、十四天,乃至于一个月、两个月、三个月,一定会有效验。或是感到心旷神怡;或是感到智慧顿开;或是身处烦琐忙碌的环境之中,却能触类旁通,顺利完成;或是遇到曾经的冤家仇人,却能将仇恨转化为欢喜;或是在梦中吐出黑色的污秽之物;或是梦到往圣先贤来提携引导自己;或是梦到自己在太空之中飞行漫步;或是梦到各种庄严的旗帜,以及用珍宝装饰的伞盖。这些难得一见的美好事物,都是过错恶业消除的象征。但是也不能沉迷在这些事物中自满自得,不思进取。

【原文】

昔蘧伯玉①当二十岁时,已觉前日之非而尽改之矣。至二十一岁,乃知前之所改,未尽也;及二十二岁,回视二十一岁,犹在梦中。岁复一岁,递递②改之。行年③五十,而犹知四十九年之非。古人改过之学如此。

吾辈身为凡流,过恶猬集④,而回思往事,常若不见其有过者,心粗而眼翳也。然人之过恶深重者,亦有效验:或心神昏塞,转头即忘;或无事而常烦恼;或见君子而赧然⑤相沮;或闻正论而不乐;或施惠而人反怨;或夜梦颠倒,甚则妄言失志。皆作孽之相也。苟一类此,即须奋发,舍旧图新,幸勿自误。

【注释】

①蘧伯玉:即蘧瑗,字伯玉,春秋时卫国大夫。他善于自省,及时改过,以"寡过知非"闻名于世。孔子周游列国时,多次拜访他,孔子推崇他为真正的君子,称赞说"君子哉,蘧伯玉!"《淮南子》上说:"蘧伯玉年五十而知四十九年非。"

②递递:连续,持续。

③行年:经历过的年岁。此处指当年的年龄。

④猬集:像刺猬身上的刺一样聚集,形容很多。

⑤赧(nǎn)然:难为情的样子,羞愧的样子。

【译文】

古代春秋时期,卫国大夫蘧伯玉在他年仅二十岁的时候,就已经觉察到他以往所犯的过错,并全部改正了。到了二十一岁的时候,他知道自己之前所改的并没完全改掉;等到二十二岁,回头来看二十一岁时的所作所为,仿佛一切都在梦中一样。年复一年,他连续不断地改正自身的过失,等到五十岁的时候,他还清楚地知道自己前四十九年所犯的过错。古人改过的学问就是如此。

我们都是平凡的人,所犯的过错和罪恶就像刺猬身上的刺一样多。回想曾经做过的事情,却常常像看不到自己有什么过失一样,这是由于粗心大意和目光短浅。然而罪孽深重的人,也会有一些效验:或者心神不宁,头昏脑塞,对于交待的事情转身就忘记了;或者没有任何烦心事,也经常烦恼;或者遇到正人君子就羞愧沮丧;或者听到了圣贤之道却闷闷不乐;或者施舍恩惠给别人却招来对方的怨恨;或者做了一些颠倒是非的噩梦,甚至语无伦次,精神失常。这都是由于过去作的孽而表现出来的现象。如果出现与上述现象类似的状况,那一定要奋发图强,舍弃过去不好的行为,努力改过自新。千万不要耽误了自己!

第三篇　积善之方

【原文】

　　《易》曰："积善之家,必有余庆。"昔颜氏将以女妻叔梁纥①,而历叙其祖宗积德之长,逆知②其子孙必有兴者。

　　孔子称舜③之大孝,曰："宗庙飨之,子孙保之。"④皆至论也。试以往事征⑤之。

【注释】

　　①叔梁纥(hé):孔子之父。名纥,字叔梁,春秋时鲁国大夫。据《孔子家语》记载,他曾向鲁国颜氏家族求婚,颜氏将小女儿颜徵在嫁给他为妻。颜徵在就是孔子的母亲。

　　②逆知:预知,提前知道。

　　③舜:传说中的上古帝王。姚姓,名重华,号有虞氏。生于妫汭(今山西永济),年二十以孝闻名。尧年老,以四岳举荐代尧摄政,他巡行四方,除去鲧、共工、骥兜和三苗"四凶"。尧死后登帝位,都于蒲坂(今山西永济西南),起用大禹治水,以大禹、后稷、契、皋陶、伯益等人分掌政务。晚年禅位大禹,巡行天下,死于苍梧之野,葬于九嶷山。相传舜的父亲是个盲人,名叫瞽叟。瞽叟续娶生子象。父亲糊涂固执,母亲凶悍残忍,弟

弟桀骜难驯,舜生活在"父顽、母嚚、象傲"的家庭环境里,他们多次谋害舜:让舜修补谷仓仓顶,三人从谷仓下纵火,舜手持两个斗笠跳下逃脱;让舜掘井,瞽叟与象却用土填井,舜掘地道逃脱。事后舜毫不嫉恨,依旧对父母恭顺,对弟弟慈爱。

④宗庙飨(xiǎng)之,子孙保之:语出《中庸》。宗庙,古代帝王或诸侯祭祀祖先的场所。飨,祭祀,奉献祭品。

⑤征:验证,证明。

【译文】

《易经》上说:"积德行善的家族,一定会有很多喜庆之事。"古时候颜家准备把女儿嫁给叔梁纥,他们对叔梁纥先祖的功德作了详细的了解,由此推断这个家族的子孙中一定会出现光宗耀祖的人。

孔子称赞舜的孝行时说:"后世的君主会在宗庙里祭祀他,子孙后代永保祭祀不断。"这都是正确的论断,可以试着用一些古代的例子来证明。

【原文】

杨少师①荣,建宁人,世以济渡②为生。久雨溪涨,横流冲毁民居,溺死者顺流而下,他舟皆捞取货物,独少师曾祖及祖,惟救人,而货物一无所取,乡人嗤③其愚。逮少师父生,家渐裕。有神人化为道者,语之曰:"汝祖父有阴功,子孙当贵显,宜葬某地。"遂依其所指而窆④之,即今白兔坟也。后生少师,弱冠⑤登第,位至三公⑥,加曾祖、祖、父,如其官。子孙贵盛,至今尚多贤者。

鄞人杨自惩,初为县吏,存心仁厚,守法公平。时县宰严肃,偶挞一囚,血流满前,而怒犹未息,杨跪而宽解之。宰曰:"怎奈此人越法悖理,不由人不怒。"自惩叩首曰:"上失其道,民散久矣,如得其情,哀矜⑦勿喜;喜且不可,而况怒乎?"宰为之霁颜⑧。家甚贫,馈遗⑨一无所取,遇囚人乏粮,常多方以济之。一日,有新囚数人待哺,家又缺米,给囚则家人无食,自顾则囚人堪悯。与其妇商之。妇曰:"囚从何来?"曰:"自杭而来。沿路忍饥,菜色⑩可掬。"因撤己之米,煮粥以食囚。后生二子,长曰守陈,次曰守址,为南北吏部⑪侍郎⑫。长孙为刑部⑬侍郎,次孙为四川廉宪⑭,又俱为名臣。今楚亭德政,亦其裔也。

昔正统⑮间,邓茂七倡乱于福建,士民从贼者甚众。朝廷起鄞县张都宪⑯楷南征,以计擒贼。后委布政司⑰谢都事⑱搜杀东路贼党。谢求贼中党附册籍,凡不附贼者,密授以白布小旗,约兵至日插旗门首,戒军兵无妄杀,全活万人。后谢之子迁,中状元,为宰辅⑲;孙丕,复中探花。

【注释】

①少师:官名。周代始置,与少傅、少保合称"三孤",与太师、太傅、太保一起辅佐君主。明朝初期依旧设此职,为皇帝辅弼大臣,位高权重。后渐成虚衔,成为勋戚大臣的加官、赠官,从一品,无实权。

②济渡:载人渡河,以此为生。

③嗤(chī):嘲笑,讥笑。

④窆(biǎn):安葬,埋葬。

⑤弱冠(guàn):古代男子二十岁行冠礼,表示已经成人,但由于体魄尚未强健,所以称"弱冠"。

⑥三公:官名合称。西周时已有此称,为最高辅政大臣。但说法不

一，一说为太师、太傅、太保，一说为司徒、司马、司空。秦及西汉前期，以丞相、太尉、御史大夫为三公，东汉以太尉、司徒、司空为三公，同为中央最高行政长官，又称三司。三国及魏晋南北朝时期，将其作为加官，但位高权轻，备皇帝顾问，参与庶务而已。唐、宋、元时期，作为亲王、重臣的加官、赠官，无职掌。明代前期地位尊崇，与三孤（少师、少傅、少保）合称公孤，共同辅佐皇帝，职权甚重。后亦渐成虚衔，成为勋戚大臣加官、赠官的最高荣衔。

⑦哀矜：哀怜，怜悯。

⑧霁（jì）颜：收敛威怒之貌，变得和颜悦色。

⑨馈遗：馈赠，赠与。

⑩菜色：形容因长期饥饿、营养不良造成的憔悴脸色。

⑪吏部：隋唐以后中央行政机构六部之一。掌管全国官吏的任免、考核、升降、调动等事，长官为吏部尚书，下设侍郎、郎中、员外郎等官。

⑫侍郎：古代官名。西汉武帝始设郎官，为皇帝侍从官。东汉时为尚书台属官，初入尚书台者称郎中，任职满三年者称侍郎。隋、唐以后，中书省、门下省及尚书省所属各部皆以侍郎为副长官。明、清时期，吏、户、礼、兵、刑、工六部主官均为尚书，以左、右侍郎为各部副长官。

⑬刑部：隋唐以后中央行政机构六部之一。掌管全国的刑罚、狱讼。主官为尚书，其下设侍郎、郎中、员外郎、主事等职。明、清两代，刑部作为主管全国刑罚政令及审核刑名的机构，与管稽察的都察院及审理和复核重大案件的大理寺合称"三法司"。

⑭廉宪：官名，按察使的别称。元朝设肃政廉访使，以监察地方。明初沿用原名，后改为按察使，为各省提刑按察使司的长官，主管一省的司法刑狱，为一省司法长官，与掌管民政的布政使、掌管军事的都指挥使，合称"三司"。

⑮正统：明英宗朱祁镇的年号（1436—1449），前后共十四年。

⑯都宪：都御史的别称。明、清两代设都察院，长官为左、右都御史，下设左、右副都御史，左、右佥都御史，负责纠劾百司，提督各道御史，为

皇帝的耳目风纪之臣。明代朝廷派往各地的总督、巡抚、经略等大员,都兼都御史、副都御史、佥都御史衔,以便行事。

⑰布政司:承宣布政使司的简称,明、清两代地方行政机构。明朝建立后,将全国分为十三个承宣布政使司,其长官为左、右布政使。明中叶以前,布政司为一省的最高行政机构,与都指挥使司、按察司合称三司,分掌一省之政务、军事与纠劾刑名之事。后因设总督、巡抚等官,权力遂轻。清代规定左、右布政使为督抚的属官,专管一省财赋、人事。康熙六年(1667)后,布政使不分左、右,各省只设一员。

⑱都事:官名。明初在中央及地方主要官署均设都事一职,后废除。

⑲宰辅:辅佐皇帝的大臣,一般指宰相或三公。

【译文】

少师杨荣,福建建宁人。他祖辈世代以摆渡为生。有一次,连日大雨,导致河水猛涨,泛滥的洪水冲毁老百姓的房屋,被淹死的人的尸体顺着洪水漂到下游,别的船只都争相去打捞漂在水面上的货物,只有杨荣的曾祖父和祖父一心救人,而对水上的货物一无所取,同乡的人都嘲笑他们愚蠢。等到杨荣的父亲出生时,他们的家境逐渐宽裕起来。有一个神仙化为道士来到他家,对他的父亲说:"你的祖父和父亲积有阴德,子孙一定会尊贵显赫,你应该把他们安葬在某个地方。"于是杨荣的父亲依照神仙指示把他们安葬在那个地方,就是现在的白兔坟。后来杨荣出生了,他二十岁时中了进士,做官一直做到三公的位置,他的曾祖父、祖父、父亲都得到了朝廷追封的官职。他的子孙后代也都尊贵兴盛,直到现在都还有很多贤德的人。

鄞县人杨自惩,最初在县里当县吏。他为人宅心仁厚,执法公正。当时县令的作风严厉,有一次县令鞭打一个犯人,把犯人打得血流满地,可县令的怒火还没有平息。杨自惩跪下来劝解县令,请他饶恕犯人。县令说:"这个人违法乱纪,伤天害理,怎么能不让人愤怒?"杨自惩一边磕头一边说:"朝廷中早已没有什么道义是非可言了,民心涣散已经很久了。如果审理案件审出真实情况,应该替他们感到伤心,可怜平民百姓不明事理,而不是因为审出案情高兴。高兴尚且不行,更何况发怒呢?"县令听了这番话,平息了怒火,变得和颜悦色。杨自惩的家境十分贫穷,但他对于别人赠送的礼物从不接受。遇到犯人缺粮,他还会想方设法周济他们。有一天,有几个新来的犯人因为缺粮挨饿,此时杨自惩自己家里也没有米了。如果把米给犯人吃的话,那么自己的家人就要挨饿了;如果把米留着自己吃,那些犯人又确实很可怜。于是他和妻子商量,妻子问他:"这些犯人从哪里来的?"杨自惩回答说:"从杭州来的。一路上忍饥挨饿,都饿得脸色发黄。"于是他和妻子把自己吃的米拿出来,煮成粥送给那几个犯人吃。后来,他们生了两个儿子,大儿子叫杨守陈,二儿子叫杨守址,做官都做到了南北吏部侍郎的位置。他们的长孙官至刑部侍郎,次孙任四川廉访使,都是一代名臣。当今的楚亭德政,也是杨自惩的后代。

正统年间,邓茂七在福建率众起事,很多读书人和平民加入到起事队伍中。朝廷起用鄞县的都御史张楷率军南征,张楷用计抓住了邓茂七。随后,朝廷又派遣布政司的谢都事去搜杀东路的乱党。谢都事得到了起事者的花名册,凡是没有加入起事队伍的百姓,他就秘密地给他们一面白布小旗,并和他们约定,等到官兵到来的时候,把旗子插在门口,他又告诫士兵不要滥杀无辜,因此保全了上万人的性命。后来,谢都事的儿子谢迁,中了状元,官至宰辅;他的孙子谢丕,又中了探花。

【原文】

莆田林氏,先世有老母好善,常作粉团①施人,求取即与之,无倦色。一仙化为道人,每旦索食六七团。母日日与之,终三年如一日,乃知其诚也。因谓之曰:"吾食汝三年粉团,何以报汝?府后有一地,葬之,子孙官爵,有一升麻子之数。"其子依所点葬之,初世即有九人登第，累代簪缨②甚盛，福建有"无林不开榜"之谣。

冯琢庵太史③之父，为邑庠生④。隆冬早起赴学，路遇一人，倒卧雪中，扪⑤之，半僵矣，遂解己绵裘衣之，且扶归救苏⑥。梦神告之曰："汝救人一命，出至诚心，吾遣韩琦⑦为汝子。"及生琢庵，遂名琦。

台州应尚书⑧，壮年习业于山中。夜鬼啸集，往往惊人，公不惧也。一夕闻鬼云："某妇以夫久客不归，翁姑⑨逼其嫁人。明夜当缢死于此，吾得代矣。"公潜⑩卖田，得银四两。即伪作其夫之书，寄银还家。其父母见书，以手迹不类⑪，疑之。既而曰："书可假，银不可假，想儿无恙。"妇遂不嫁。其子后归，夫妇相保如初。公又闻鬼语曰："我当得代，奈此秀才坏吾事。"旁一鬼曰："尔何不祸之？"曰："上帝以此人心好，命作阴德尚书矣，吾何得而祸之？"应公因此益自努励，善日加修，德日加厚。遇岁饥，辄捐谷以赈之；遇亲戚有急，辄委曲⑫维持；遇有横逆⑬，辄反躬自责，怡然顺受。子孙登科第者，今累累也。

常熟徐凤竹栻，其父素富。偶遇年荒，先捐租以为同邑之倡，又分谷以赈贫乏，夜闻鬼唱于门曰："千不诳，万不诳⑭，徐家秀才，做到了举人郎。"相续而呼，连夜不断。是岁，凤竹果举于乡。其父因而益积德，孳孳⑮不急，修桥修路，斋僧接众，凡有利益，无不尽心。后又闻鬼唱于门曰："千不诳，万不诳，徐家举人，直做到都堂⑯。"凤竹官终两浙巡抚⑰。

【注释】

①粉团：一种食物。用糯米制成，外裹芝麻，置油中炸熟，犹今之

麻团。

②簪缨(zānyīng):古代达官贵人的冠饰,后遂借以指高官显宦。

③太史:官名。先秦为史官与历官,掌记载史事、编写史书、起草文书,兼管国家典籍、天文历法和祭祀等。后职位渐低,秦称太史令,汉属太常,掌天文历法。魏晋以后太史仅掌管推算历法。明、清两代,修史之事由翰林院负责,又称翰林为太史。

④庠生:科举时代称府、州、县学的生员,明、清时为秀才的别称。

⑤扪:用手按或摸。

⑥苏:苏醒,活过来。

⑦韩琦:北宋名臣。字稚圭,自号赣叟,相州安阳(今河南安阳)人。仁宗天圣五年(1027)进士,授将作监丞。他敢于直谏,抨击权贵,曾一次劾罢宰相王随、陈尧佐及参知政事韩亿、石中立四人。宝元三年(1040)出为陕西安抚使、陕西经略安抚招讨副使,与范仲淹共同负责防御西夏,名重一时,时人称之为"韩范"。后自请外出,于嘉祐元年(1056)复入朝,任枢密使,后担任宰相。英宗即位,拜右仆射,封魏国公。神宗立,出知相州、大名府等地。熙宁八年(1075)卒,追赠尚书令,谥号"忠献"。

⑧尚书:官名。始置于战国,为管理文书的小吏。秦时为少府属官,在宫中收发文书。汉武帝为提高皇权,设尚书四人,分曹治事,掌管机要,职权渐重,东汉正式成为协助皇帝处理政务的官员。隋、唐时设吏、户、礼、兵、刑、工六部,六部长官均称尚书,统领各部政务,后世沿之。明代废除丞相,六部尚书直接听命于皇帝,地位、职权均比前代要重,清代成为六部、理藩院长官,职权又比明代要轻。

⑨翁姑:丈夫的父母,即公公和婆婆。

⑩潜:偷偷地,悄悄地。

⑪类:相似,相像。

⑫委曲:曲意迁就,殷勤周到。

⑬横逆:强横凶暴,不讲道理。

⑭诓(kuāng):欺骗,哄骗。

⑮孳(zī)孳:比喻勤奋刻苦,坚持不懈的样子。
⑯都堂:明代都御史、总督、巡抚等官的别称。
⑰巡抚:明、清两代地方最高行政长官。各省专设巡抚始于明代宣德年间,职责为代天子巡查地方,抚军安民,掌管一省民政,兼管军事。清代正式成为省级地方政府长官,总揽一省军事、吏治、刑狱等,地位略次于总督。

【译文】

　　福建莆田有一个姓林的家族,祖上有一位喜欢做善事的老太太。她常制作粉团施舍给人,只要有人向她要,她就会给人家,脸上从来没有表现出厌倦的神色。有一个神仙,变化为道士来试探她,每天早上向她索要六七个粉团,林家老太太每天都会给他。这样持续了三年,三年间天天如此。神仙知道老太太是诚心做善事的,因此对她说:"我吃了你三年的粉团,用什么来报答你呢?你们家后面有一块空地,如果你死后安葬在那里,将来你们家的子孙后代中封官拜爵的人,会有一升芝麻的数量那么多。"林老太太过世后,她的儿子按照神仙指示的地点把她安葬了,接下来的第一代人中就有九个人考中进士,之后的每一代都有很多人成为高官显宦,以至于福建有"无林不开榜"的歌谣。

　　太史冯琢庵的父亲,曾是县学里的一名生员。一个隆冬的早晨,冯太史的父亲在前去上学的途中,遇到了一个倒在雪地里的人,他用手摸了摸那个人,发现那个人几乎要冻僵了,于是他急忙把自己的棉衣脱下穿在那个人身上,并把那个人扶回家中救醒。当天晚上他梦到一个神仙告诉他说:"你救了别人一命,完全是出于至诚之心。现在我派韩琦来给你当儿子吧。"等到冯琢庵出生后,就给他取名叫冯琦。

　　浙江台州的应尚书,年轻的时候曾在山里读书。每逢夜晚,山里的鬼怪聚集在一起嚎叫,往往很吓人,但应尚书一点都不害怕。一天晚上,应尚书听到鬼说:"有一个妇人,她丈夫出门在外很久了都没有回来,她的公公婆婆逼她嫁人。明天晚上她会来这里上吊,到时候我就可以找到

44

替身了。"应尚书听说后,就偷偷地把自己的田卖掉,得了四两银子。随后他伪造了一封妇人丈夫写的信,连同银子一起寄到妇人家中。妇人丈夫的父母看了这封信,因为笔迹不同,故而有所怀疑。但想了一会儿说:"信可以作假,但银子却不可能是假的。看来儿子应该平安无事。"于是妇人没有改嫁。后来他们的儿子回来了,夫妻二人依然像过去一样恩爱。应尚书又听到鬼说:"我本来已经找到替身了,谁知道被这个秀才坏了我的好事。"旁边的一个鬼说:"那你为什么不去害他呢?"鬼说:"上帝知道这个人心地善良,积有阴德,命里要做尚书的。我怎么能害得了他呢?"应尚书因此更加努力,日复一日地做善事,功德也在一天天地增加。遇到饥荒的时候,他就把自己家的粮食捐出来赈灾;遇到自己的亲戚有急难之事,他总是想方设法地帮人家解决;遇到蛮横不讲理的人,他总是反省自己,责备自己,心平气和地接受这些事实。他的子孙中考取功名的人,如今已经不计其数了。

常熟的徐栻,字凤竹,他的父亲一向很富有。有一年遇到饥荒,他就把自家要收的田租全部免掉,以此为全县有钱人做榜样,又把自家的粮食拿出来赈济贫困的百姓。一天夜里他听到有鬼在他门口唱道:"千不骗,万不骗,徐家的秀才,快要做到举人了。"呼喊声一阵接着一阵,一夜都没有中断。这一年,徐凤竹果然中了举人。他的父亲因此更加积极地行善积德,从来没有丝毫懈怠,修桥铺路,施斋供养出家人,救济穷人。只要是对众人有好处的事,他都尽心尽力去做。后来又听到鬼在他家门口唱:"千不骗,万不骗,徐家的举人,将来要做到都堂。"徐凤竹最后官至两浙巡抚。

【原文】

嘉兴屠康僖公,初为刑部主事①,宿狱中,细询诸囚情状,得无辜者若干人。公不自以为功,密疏其事,以白堂官②。后朝审③,堂官摘其语,以讯诸囚,无不服者,释冤抑十余人。一时辇下④咸颂尚书之明。公复禀曰:"辇毂⑤之下,尚多冤民,四海之广,兆民之众,岂无枉者?宜五年差一减刑官,核实而平反之。"尚书为奏,允其议。时公亦差减刑之列,梦一神告之曰:"汝命无子,今减刑之议,深合天心,上帝赐汝三子,皆衣紫腰金⑥。"是夕夫人有娠,后生应埙、应坤、应埈,皆显官。

嘉兴包凭,字信之,其父为池阳太守⑦,生七子,凭最少,赘⑧平湖袁氏,与吾父往来甚厚。博学高才,累举不第⑨,留心二氏⑩之学。一日东游泖湖,偶至一村寺中,见观音像,淋漓露立,即解橐中得十金,授主僧,令修屋宇,僧告以功大银少,不能竣事。复取松布四匹,检箧中衣七件与之,内纻褶⑪,系新置,其仆请已之,凭曰:"但得圣像无恙,吾虽裸裎⑫何伤?"僧垂泪曰:"舍银及衣布,犹非难事。只此一点心,如何易得。"后功完,拉老父同游,宿寺中。公梦伽蓝⑬来谢曰:"汝子当享世禄矣。"后子汴,孙柽芳,皆登第,作显官。

嘉善支立之父,为刑房吏⑭,有囚无辜陷重辟⑮,意哀之,欲求其生。囚语其妻曰:"支公嘉意,愧无以报,明日延之下乡,汝以身事之,彼或肯用意,则我可生也。"其妻泣而听命。及至,妻自出劝酒,具告以夫意。支不听,卒为尽力平反之。囚出狱,夫妻登门叩谢曰:"公如此厚德,晚世⑯所稀,今无子,吾有弱女,送为箕帚妾⑰,此则礼之可通者。"支为备礼而纳之,生立,弱冠中魁⑱,官至翰林孔目⑲。立生高,高生禄,皆贡为学博⑳。禄生大纶,登第。

凡此十条,所行不同,同归于善而已。若复精而言之,则善有真,有假;有端,有曲;有阴,有阳;有是,有非;有偏,有正;有半,有满;有大,有小;有难,有易;皆当深辨。为善而不穷理㉑,则自谓行持㉒,岂知造孽,枉费苦心,无益也。

【注释】

①主事:官名。汉代光禄勋属官有主事。北魏于尚书诸司中置主事令史,为令史中的首领。隋以后但称主事,为雇员性质,非正规官职。金代始列为正官,职务以管理文牍杂务为主,也分掌郎中、员外郎之职。明、清时于六部中设主事一职,与郎中、员外郎同为部内司官,主要负责部内章奏文移与缮写等事务。

②堂官:明、清时对中央各衙门长官的通称。如六部的尚书、侍郎,各寺的卿官等,因其在各衙署大堂上办公,故称"都堂"。

③朝审:明、清两代由朝廷派官员复审死刑案件的会审制度。始于明英宗天顺三年(1459)。每年霜降之后,三法司(刑部、都察院、大理寺)将已判死刑但尚未执行的犯人的犯罪情节摘要造册,交给九卿各官审查,分列"情实""缓决""可矜""可疑""留养承嗣"等类,最后上呈皇帝裁决。

④辇(niǎn)下:指京城。辇,帝王后妃乘坐的车。

⑤辇毂(gǔ):天子的车驾。后以"辇毂下"代指京城。

⑥衣紫腰金:腰上挂着金印,身上穿着紫袍。指做了大官。

⑦太守:官名。战国时是对郡守的尊称。汉景帝时改郡守为太守,为一郡的最高行政长官。明、清时专称知府为太守。

⑧赘(zhuì):入赘,男子到女方家结婚并成为女方的家庭成员。

⑨不第:科举考试未被录取。

⑩二氏:指佛、道两家。

⑪紵褶(zhùzhě):指衣服。紵,用麻织的布。褶,上衣。

⑫裸裎(chéng):不穿衣服,赤身裸体。

⑬伽(qié)蓝:佛教寺院护法神。

⑭刑房吏:掌管法律、刑狱事务的官吏。

⑮重辟:重刑,重罚。

⑯晚世:近世,近代。

⑰箕帚妾:持箕帚的奴婢,借作妻妾之谦称。箕帚,即畚箕与扫帚。

⑱中魁(kuí):科举考试中考了第一名。魁,第一。

⑲翰林孔目:在翰林院中负责文书事务的小官吏。

⑳学博:唐代,府郡设置经学博士各一人,以五经教授学生。后称学官为学博。

㉑穷理:穷究事物之理。

㉒行持:佛教语。指精勤修行,遵守清规戒律。

【译文】

嘉兴的屠勋,死后谥号为康僖,他起初担任刑部主事的时候,每天晚上都会睡在狱中,详细地询问囚犯们的情况,结果发现有好几个人是无辜被冤枉的。屠勋并没有认为这是自己的功劳,他把这些情况写成密疏,报告给刑部主官。后来等到朝廷大臣重审的时候,刑部主官根据屠勋提供的材料来询问囚犯,结果没有不信服的,释放了十几个被冤枉的囚犯。一时之间,京城百姓全都称赞尚书大人的英明。屠勋又向刑部尚书禀报说:"京城里尚且有这么多被冤枉的人。国家疆土这么大,百姓人数这么多,难道其他地方没有被冤枉的人吗?朝廷应该每五年就派一名减刑官,到全国各地去核实案情,平反冤狱。"刑部尚书将他的建议上奏给了皇上,皇上同意了这个建议。当时屠勋也被任命为减刑官,一天晚上他梦到一个神仙告诉他说:"你命中本来没有儿子,但是你减刑的建议深深符合上天的心意,上天赐给你三个儿子,他们将来个个都会身居高位,享受富贵。"当天晚上,他的夫人就怀孕了,后来生下了屠应埙、屠应坤、屠应埈三个儿子,他们最后都做了大官。

嘉兴的包凭,字信之,他的父亲是池阳知府,生有七个儿子,包凭年纪最小。他入赘到平湖袁家做女婿,和我父亲往来密切,交情深厚。包凭博学多才,但他多次参加科举考试都没有考中,于是他开始对佛道两家的学说感兴趣。一天,他到东边的泖湖游玩,偶然走进村中的一座寺庙里,看见庙里的观音像在露天中矗立着,受到风吹雨淋,就立即拿出十两金子交给寺庙的住持,让他修复房屋庙宇。住持告诉他说,修复庙宇的工程很大,而现在可用的银两很少,无法完工。于是他又拿出四匹松江产的布,然后从箱子里拿出七件衣服交给住持。其中有几件麻织的衣服是新置办的,他的仆人请求他不要把这几件新衣服送人,包凭说:"只要观音圣像安然无恙,就算我不穿衣服也没什么大不了。"寺庙住持流着泪说:"施舍银两与衣服、布匹不是什么难事,但是这一份诚心,却不是能轻易得到的。"寺庙修好之后,包凭带着我父亲一起来寺里游玩,晚上就留在寺里过夜。这天晚上,他梦到护法神来感谢他说:"你的子孙会世世代代享受高官厚禄了。"后来,他的儿子包汴、孙子包柽芳,都中了进士,做了高官。

  嘉善有一个叫支立的人,他的父亲是县衙刑房的一个小官。有一个犯人本来是无辜的,因为受到牵连被判了死刑,支立的父亲很同情他,想帮助他求情,宽免他不死。那个犯人对自己的妻子说:"支公的好意,我很惭愧,不知道该怎样报答,明天请他到乡下来,你用身体侍奉他,他或许会感念这份情份,那么我就有活命的机会了。"他的妻子哭着答应了。等到支公到了,犯人的妻子就亲自出来劝酒,并把他丈夫的话全告诉了支公。支公没有听从,最后仍旧尽了全力替这个犯人平反。犯人出狱后,夫妻两个人一起到支公家里道谢,说:"您这样厚德的人,现在已经很少见了。现在您没有儿子,我有一个女儿,愿意送给您充当打扫的小妾。这于情于理都是说得通的。"支公听了他的话,就准备了礼物,迎娶了这个犯人的女儿。后来生下了支立,才二十岁就在科举中考了第一名,官至翰林院孔目。支立生了支高,支高生了支禄,都被举荐为学官。支禄的儿子叫支大纶,考中了进士。

  上面的十个故事,虽然每个人所做的事不同,但归根到底都是行善。

如果仔细加以区分的话,那么他们所做的善事有真有假,有直有曲,有阴有阳,有是有非,有偏有正,有半有满,有大有小,有难有易,这都应当深入辨别。做善事而不知道探究做善事的道理,那不过是自认为在努力修行,实际上是在造业,枉费一番苦心,对自己没有任何好处。

【原文】

何谓真假?昔有儒生数辈,谒①中峰和尚②,问曰:"佛氏论善恶报应,如影随形。今某人善,而子孙不兴;某人恶,而家门隆盛。佛说无稽③矣。"

中峰云:"凡情④未涤,正眼⑤未开,认善为恶,指恶为善,往往有之。不憾己之是非颠倒,而反怨天之报应有差乎?"

众曰:"善恶何致相反?"

中峰令试言。

一人谓:"詈人殴人是恶,敬人礼人是善。"

中峰云:"未必然也。"

一人谓:"贪财妄取是恶,廉洁有守是善。"

中峰云:"未必然也。"

众人历言其状,中峰皆谓不然。因请问。中峰告之曰:"有益于人,是善;有益于己,是恶。有益于人,则殴人、詈人皆善也;有益于己,则敬人、礼人皆恶也。是故人之行善,利人者公,公则为真;利己者私,私则为假。又根心⑥者真,袭迹⑦者假;又无为而为者真,有为而为者假。皆当自考。"

【注释】

①谒(yè):拜访,拜见。

②中峰和尚：元代高僧中峰明本禅师。俗姓孙，号中峰，法号智觉，钱塘（今浙江杭州）人。明本从小喜欢佛事，稍通文墨就诵经不止，常伴灯诵到深夜。二十四岁时赴天目山，受道于禅宗寺，白天劳作，夜晚诵经学道，遂成高僧。元仁宗曾赐号"佛慈圆照广慧禅师"。

③无稽：没有根据，无从查考。

④凡情：凡人的情感欲望。

⑤正眼：即正法眼藏。禅宗用来指全体佛法（正法）。朗照宇宙谓眼，包含万有谓藏。相传释迦牟尼佛在灵山法会以正法眼藏付与大弟子迦叶，是为禅宗初祖，为佛教以"心传心"授法的开始。

⑥根心：发自内心，自觉自愿。

⑦袭迹：模仿、因袭别人的行为或做法。

【译文】

什么是真假呢？曾经有几个读书人去拜访中峰和尚，问他："佛家说善恶报应，如影随形。现在有人积德行善，但是他的子孙并没有兴旺发达；有人作恶，却依旧家业兴隆，子孙兴盛。可见佛家的因果报应之说是无稽之谈。"

中峰和尚说："普通人的思想没有经过洗涤，法眼没有打开，往往把真正的善行认为是恶行，把恶行认为是善行。不怨恨自己颠倒真假，反而去抱怨上天的报应有误吗？"

众人又问他："善恶怎么会颠倒呢？"

中峰和尚让他们自己说一说自己的想法。

一个人说："骂人打人是恶行，尊敬他人，以礼待人是善行。"

中峰和尚说："不一定是这样。"

一个人说："贪图钱财，肆意妄取是恶行，为人廉洁有操守是善行。"

中峰和尚说："不一定是这样。"

众人把自己所想的善与恶讲了一遍，中峰和尚都说他们说的不一定对。大家向他请教原因，中峰和尚告诉他们说："对别人有益是行善，对自己有益是作恶。对别人有益,就算是打人骂人,也是在行善;对自己有益,即使是尊敬他人,以礼待人,也是恶行。所以人们行善,利于别人就是出于公心,出于公心就是真的;对自己有利就是出于私心,出于私心就是假的。源自内心的善行才是真的,模仿别人的善行是假的;无欲无求地去行善就是真的,有所图谋地去行善就是假的。这些都应该仔细考虑。"

【原文】

何谓端曲?今人见谨愿①之士,类称为善而取之;圣人则宁取狂狷②。至于谨愿之士,虽一乡皆好,而必以为德之贼③。是世人之善恶,分明与圣人相反。推此一端,种种取舍,无有不谬④。天地鬼神之福善祸淫⑤,皆与圣人同是非,而不与世俗同取舍。

凡欲积善,决不可徇⑥耳目,惟从心源⑦隐微处,默默洗涤,纯是济世之心,则为端;苟有一毫媚世之心,即为曲。纯是爱人之心,则为端;有一毫愤世之心,即为曲。纯是敬人之心,则为端;有一毫玩世之心,即为曲。皆当细辨。

【注释】

①谨愿:忠厚老实。
②狂狷:指志向高远的人与拘谨自守的人。出自《论语·子路》:"子曰:'不得中行而与之,必也狂狷乎!狂者进取,狷者有所不为也。'"何晏《集解》引包咸注曰:"中行,行能得其中者,言不得中行则欲得狂狷者。狂者,进取于善道。狷者,守节无为。欲得此二人者,以时多进退,取其恒一。"
③德之贼:败坏道德的人。出自《论语·阳货》:"乡原,德之贼也。"

孟子对此做过详细的解释，《孟子·尽心下》："万子曰：'一乡皆称原人焉，无所往而不为原人，孔子以为德之贼，何哉？'曰：'非之无举也，刺之无刺也，同乎流俗，合乎污世，居之似忠信，行之似廉洁，众皆悦之，自以为是，而不可与入尧舜之道，故曰德之贼也。'"

④谬：错误，差错。

⑤淫：邪恶，奸邪。

⑥徇：顺从，依从。

⑦心源：佛教用语。佛教认为心为万法之根源，故称心源。

【译文】

什么是直和曲呢？现在人们见了恭顺老实的人，就称这类人为善人，并且对他们特别欣赏，然而古代的圣人宁愿肯定那些狂狷之人。对于那些恭顺老实的人，即使一个地方的人都很喜欢他，圣人也会认为他们是败坏道德的人。可见普通人对善恶的看法与圣人对善恶的看法正好是相反的。由此可知，普通人对善恶的种种取舍，没有不错误的。天地鬼神造福善人，祸害恶人，与圣人对善恶的是非判断是相同的，而与普通人的取舍不同。

凡是想要积德行善，绝不能仅凭自己听到的、看到的来做决定，而是要从自己的内心深处默默洗涤。纯粹是抱着一颗普济世人之心的是直，如果有一丝一毫媚世之心就是曲。纯粹是爱护他人之心是直，有丝毫愤世嫉俗之心就是曲。纯粹是尊敬他人之心是直，有丝毫玩世不恭之心就是曲。这些都应该仔细分辨。

【原文】

何谓阴阳？凡为善而人知之，则为阳善；为善而人不知，则为阴德。阴德，天报之；阳善，享世名。名，亦福也。名者，造物所忌。世之享盛名而实不副①者，多有奇祸;人之无过咎^②而横^③被恶名者,子孙往往骤发^④。阴阳之际微矣哉。

【注释】

①副:相称,符合。
②过咎:过失,错误。
③横:意外,无辜。
④骤发:突然发达。骤,突然,忽然。

【译文】

什么是阴阳呢?凡是做善事而被人知道的就是阳善,做善事却不为人知的就是阴德。有阴德的人,上天会报答他;有阳善的人,会在世间享有盛名。盛名也是福报。盛名是上天所忌讳的。在世间有享有盛名却名不副实的人,往往会遭受意想不到的灾祸;而那些没有任何过错却无辜背负恶名的人,他们的子孙往往会突然飞黄腾达。阴阳之间的关系真的很微妙啊!

【原文】

何谓是非?鲁国之法,鲁人有赎人臣妾^①于诸侯,皆受金于府,子贡^②赎人而不受金。孔子闻而恶^③之曰:"赐失之矣。夫圣人举事,可以移风易俗,而教道可施于百姓,非独适己之行也。今鲁国富者寡而贫者众,受金则为不廉,何以相赎乎?自今以后,不复赎人于诸侯矣。"

子路^④拯人于溺,其人谢之以牛,子路受之。孔子喜曰:"自今鲁国多拯人于溺矣。"自俗眼观之,子贡不受金为优,子路之受牛为劣,孔子则取^⑤由而黜^⑥赐焉。

乃知人之为善,不论现行而论流弊;不论一时而论久远;不论一身而论天下。现行虽善,而其流足以害人,则似善而实非也;现行虽不善,而其流足以济人,则非善而实是也。然此就一节论之耳。他如非义之义,非礼之礼,非信之信,非慈之慈,皆当抉择。

【注释】

①臣妾:先秦时期对奴隶的称呼。男奴隶称臣,女奴隶称妾,合称臣妾。

②子贡:孔子弟子。姓端木,名赐,春秋时卫国人。善于经商,家累千金。又善辞令,孔子称其通达,有从政之才。曾为鲁国出使齐、吴等国,促成吴国伐齐救鲁。

③恶:不满意,不高兴。

④子路:孔子弟子。仲氏,名由,字子路。春秋时鲁国卞(今山东泗水东南)人。为人勇武,信守承诺,以政事见称。曾随孔子周游列国,做过鲁国季孙氏家臣、卫国大夫孔悝的蒲邑宰。后因卫国内乱,他在救援孔悝时遇害。

⑤取:推崇,赞赏。

⑥黜:贬低,批评。

【译文】

什么是是和非呢?春秋时期鲁国的法律规定,如果有鲁国人把在其他国家做奴隶的本国人赎回来,那么就可以获得官府的赏金。子贡赎回了奴隶却没有接受官府的赏金。孔子听说后不高兴,他对子贡说:"这件事你做错了。圣人做事情是要移风易俗的,并且圣人的教化之道是要施行于百姓的,而不是为了自己内心的舒适惬意才去做的。如今鲁国富人少而穷人多,如果接受官府的赏金就是不廉洁,那么以后谁还去赎人呢?从今以后,再也不会有人从其他国家赎回鲁国人了。"

子路救起了一个落水的人,那个人用一头牛感谢子路的救命之恩,子路接受了。孔子高兴地说:"今后鲁国有人落水的话,一定会有更多人出手相救的。"用世俗的眼光来看,子贡不接受赏金的行为是正确的,子路接受牛的做法是错误的,但孔子却赞赏子路而贬低子贡。由此可知,人们行善,不能只看到当时的行为,而是要看是否会在以后产生弊端;不能只看一时的效果,而是要看长远的效果;不能只考虑自身的感受,而是要看对天下人的影响。当下的行为看起来是善意的,但如果流传下去,对他人产生伤害,那这样的行为看起来是善行而实际上并不是;当下的行为看起来不是善意的,但如果流传下去,获得了救济世人的效果,那这样的行为虽然看起来不是善行,但实际上是真正的善行。这不过是就一件事来讨论而已。其他事情,比如看似无义的有义,看似无礼的有礼,看似不守信用的守信,看似不慈悲的慈悲,这些都应该仔细选择。

【原文】

何谓偏正?昔吕文懿公①初辞相位,归故里,海内仰之,如泰山北斗②。有一乡人醉而詈之,吕公不动,谓其仆曰:"醉者勿与较也。"闭门谢之。逾年③,其人犯死刑入狱。吕公始悔之曰:"使当时稍与计较,送公家④责治,可以小惩而大戒。吾当时只欲存心于厚,不谓养成其恶,以至于此。"此以善心而行恶事者也。

又有以恶心而行善事者。如某家大富,值岁荒⑤,穷民白昼抢粟于市。告之县,县不理,穷民愈肆,遂私执而困辱之,众始定。不然,几乱矣。故善者为正,恶者为偏,人皆知之。其以善心行恶事者,正中偏也;以恶心而行善事者,偏中正也,不可不知。

【注释】

①吕文懿公:明代大臣吕原。字逢原,号介庵,秀水(今浙江嘉兴)

人。正统七年(1442)进士,授翰林院编修,历官侍讲学士、左春坊大学士等职。天顺初年入阁参预机务。天顺六年(1462)卒,追赠礼部左侍郎,谥号文懿。

②泰山北斗:泰山为五岳之首,北斗星为众星中最亮之星。比喻德高望重或有卓越成就为众人所敬仰的人。

③逾年:过了一年。

④公家:这里指官府。

⑤岁荒:年成不好,粮食歉收。

【译文】

什么是偏和正？当年吕文懿公刚刚辞去宰相之职回到家乡,天下百姓对他十分仰慕,如同仰望泰山北斗那样。有一个乡下人喝醉了酒之后骂他,吕公无动于衷,只是对自己的仆人说:"喝醉酒的人就不要和他计较了。"关上大门,不予理睬。一年之后,骂他的那个人犯了死罪进了监狱。吕公这才感到后悔,他说:"如果我当时稍微与他计较一下,把他送到官府治罪,这样就可以通过很小的惩罚起到震慑他的作用。我当时只顾心存仁厚,没想到却助长了他的恶行,以至于最后到了这个地步。"这就是存善心却做了恶事的例子。

又有存恶心却做了善事的例子。例如有这样一个大富的人家,碰到收成不好的年份,穷人们白天就在街市上抢他们家的粮食。这户人家告到县衙,县衙却不受理,穷人们于是更加放肆。这户人家便私下里把抢粮食的人抓起来,并对他们进行羞辱,这样才让人们安定下来。如果不是这样,就会酿成大乱了。因此,做善事是正,作恶事是偏,这是人人都知道的。用善心去做恶事的人,是正中带偏;用恶心去做善事的人,是偏中有正,这个道理是不能不知道的。

【原文】

何谓半满？《易》曰:"善不积,不足以成名;恶不积，不足以灭身。"《书》曰："商罪贯盈①。"如贮物于器，勤而积之则满，懈而不积则不满。此一说也。

昔有某氏女入寺，欲施而无财，止有钱二文，捐而与之，主席者②亲为忏悔③。及后入宫富贵，携数千金入寺舍之，主僧惟令其徒回向而已。因问曰："吾前施钱二文，师亲为忏悔，今施数千金，而师不回向，何也？"曰："前者物虽薄，而施心甚真，非老僧亲忏，不足报德；今物虽厚，而施心不若前日之切，令人代忏足矣。"此千金为半，而二文为满也。

钟离④授丹于吕祖⑤，点铁为金，可以济世。吕问曰："终变否？"曰："五百年后，当复本质。"吕曰："如此则害五百年后人矣，吾不愿为也。"曰："修仙要积三千功行⑥，汝此一言，三千功行已满矣。"此又一说也。

又为善而心不着善，则随所成就，皆得圆满。心着于善，虽终身勤励，止于半善而已。譬如以财济人，内不见己，外不见人，中不见所施之物，是谓三轮体空⑦，是谓一心清净⑧，则斗粟可以种无涯⑨之福，一文可以消千劫⑩之罪。倘此心未忘，虽黄金万镒⑪，福不满也。此又一说也。

【注释】

①商罪贯盈：语出《尚书·泰誓上》："商罪贯盈，天命诛之。"意为商纣王的罪恶很多，上天命令诛灭他。商，商朝末代君主纣王。贯盈，罪恶极大。

②主席者：寺庙住持。

③忏悔：佛教用语。悔谢罪过以请求谅解。梵文 Ksama，音译为"忏摩"，省略为忏，意译为悔，合称忏悔。悔，为追悔、悔过之义，即追悔

过去之罪,而于佛、菩萨、师长、大众面前告白道歉,以期实现灭罪之目的。忏悔为佛教天台宗所立五悔之一,《心地观经》曰:"若覆罪者,罪即增长,发露忏悔,罪即消除。"

④钟离:传说中道教八仙之一。姓钟离,名权。相传他受铁拐李点化,上山修行,下山后飞剑斩虎,点金济众,十试吕洞宾,后收他为徒。全真道奉其为"正阳祖师",是"北五祖"之一。

⑤吕祖:传说中道教八仙之一。原名吕岩,字洞宾,道号纯阳子,自称回道人。于唐代会昌年间两举进士不第,遂罢举而纵游天下,后经钟离权点化得道。被全真道奉为"纯阳祖师",又称"吕祖",是"北五祖"之一。

⑥功行:功绩和德行。

⑦三轮体空:佛教用语。布施之时,能体达施者、受者、施物三者皆悉本空,摧破执着之相,称为三轮体空。一为施空,能施之人体达我身本空,既知无我,则无希望福报之心,称为施空。二为受空,既体达本无能施之人,亦无他人为受施者,故不起慢想,称为受空。三为施物空,物即资财珍宝等物,能体达一切皆空,则虽有所施,亦视为空,故不起贪想,称为施物空。

⑧清净:指远离一切人世的烦恼。

⑨无涯:无穷无尽。

⑩劫:佛教用语。指不可计算的极长时间。

⑪镒(yì):古代重量单位,合二十两,一说二十四两。

【译文】

什么是半和满呢?《易经》说:"一个人不积累善行,就不会成就好的名声;不积累恶行,就不会有杀身之祸。"《尚书》说:"商纣王恶贯满盈。"就好比把东西放进容器里,如果勤于积累很快就满了,如果懈怠而不去积累就不会满。这是半和满的一种说法。

从前有一户人家的女儿到寺庙里,想要布施却没有多少钱,她把身上仅有的两文钱捐给了寺庙,寺庙的住持亲自替她忏悔。后来她进入宫中,变得富贵了,携带数千两黄金来到寺庙布施,但这次住持却只是让他的徒弟为她回向。这个女子问住持:"我以前只布施了两文钱,大师亲自为我忏悔。现在我布施了数千两黄金,大师却不给我回向,这是为什么呢?"住持回答说:"之前你捐的财物虽然很少,但你布施的心却是非常真诚的,如果我不亲自替你忏悔,就不足以报答你的恩德;现在你捐的财物虽然很多,但布施的心却不像以前那样真切了,所以让人代我为你忏悔就足够了。"这就是数千两黄金的布施为半,而两文钱的布施为满。

钟离权把炼丹之法传授给吕洞宾,学成后就能点铁成金,可以用来济世救人。吕洞宾问钟离权:"点铁成金后的金子还会变成铁吗?"钟离权说:"五百年之后,才会变回原样。"吕洞宾说:"如果是这样,那就害了五百年之后的人,我不愿意做这样的事。"钟离权说:"修炼成仙要积累三千功德,就凭你这句话,三千功德已经圆满了。"这是又一种说法。

做善事但内心并不在意自己所做的善事,那么随便做什么善事,都能获得圆满。内心很在意自己所做的善事,即使一生都在勤勉地做善事,那也只不过是半善而已。譬如用钱财去救济别人,于内不见自己,于外不见救济的人,于中不见施舍的财物,这叫作三轮体空,也叫作一心清净。如果能达到这个境界,即使只布施一斗米,也能种出无尽的福报;即使只布施一文钱,也能消除千劫的罪恶。若果不能忘记自己所做的善事,那么即使施舍了几万两黄金,福报也不可能圆满。这是又一种说法。

【原文】

何谓大小?昔卫仲达为馆职[①],被摄至冥司[②],主者命吏呈善恶二录。比至[③],则恶录盈庭,其善录一轴,仅如箸而已。索秤称之,则盈庭者反轻,而如箸者反重。仲达曰:"某年未四十,安得过恶如是多乎?"

曰:"一念不正即是,不待犯也。"

因问轴中所书何事。曰:"朝廷尝兴大工,修三山石桥,君上疏谏④之,此疏稿⑤也。"

仲达曰:"某虽言,朝廷不从,于事无补,而能有如是之力。"

曰:"朝廷虽不从,君之一念,已在万民;向使听从,善力更大矣。"

故志在天下国家,则善虽少而大;苟在一身,虽多亦小。

【注释】

①馆职:明代称在翰林院、詹事府任职的官员为馆职。
②冥司:阴间,阴曹地府。
③比至:及至,等到。
④谏:规劝,劝阻。
⑤疏稿:奏疏的草稿。

【译文】

什么是大和小呢?从前有个叫卫仲达的人在翰林院做官,有一次他被摄召入阴间,主管阴间的冥官命令手下的吏卒把记录他善行和恶行的册子拿上来。等册子拿来以后,发现记录他恶行的册子堆满了整个院子,但记录他善行的却只有一根小书轴,像筷子一样细。拿来秤一称,堆满院子的记录恶行的册子很轻,像筷子一样细的记录善行的小书轴反而很重。卫仲达说:"我还不满四十岁,怎么会有这么多恶行呢?"

冥官说:"一个念头不正就是恶行,不一定要等做出来才是。"

卫仲达接着问书轴中记录的是什么事情。冥官说:"朝廷曾经大兴土木,修建三山石桥,你上疏劝谏皇帝,这个书轴就是你所上奏疏的草稿。"

卫仲达说:"虽然我上疏进言了,但朝廷并没有听从我的意见,最后还是于事无补,这份奏疏怎么可能有这么大的功德呢?"

冥官说:"虽然朝廷没有听从你的意见,但是你的这个念头是为成千上万的百姓着想。如果朝廷听从了你的建议,那善行的功德就更大了。"

所以,如果志向在于造福天下国家,即使善行很少也是大善;如果仅仅为自己着想,即使善行再多也只是小善。

【原文】

何谓难易?先儒谓克己①须从难克处克将去。夫子论为仁,亦曰先难。必如江西舒翁,舍二年仅得之束脩②,代偿官银,而全人夫妇;与邯郸张翁,舍十年所积之钱,代完赎银,而活人妻子,皆所谓难舍处能舍也。如镇江靳翁,虽年老无子,不忍以幼女为妾,而还之邻,此难忍处能忍也。故天降之福亦厚。凡有财有势者,其立德皆易,易而不为,是为自暴。贫贱作福皆难,难而能为,斯可贵耳。

【注释】

①克己:约束、克制自己。

②束脩:十条干肉,古代一种菲薄的见面礼。后用以指给老师的酬金。

【译文】

什么是难和易呢?儒家先贤曾说要想约束自己就一定要从最难约束的地方着手。孔子在论述"仁"的思想时,也说要先从最难做的地方做起。一定要像江西的舒老先生,用自己教书两年所得来的报酬,替别人偿还了官府的赋税,从而保全了一对夫妇;还有邯郸的张老先生,把自己积攒十年的钱财拿出来,替他人偿还了赎罪的钱,从而救活了人家的妻子儿女。这些都叫作难舍处能舍。又比如镇江的靳老先生,虽然年老无子,但他不忍心纳年幼的女子为妾,而是将其送回家。这就是难忍处能忍,所以上天降给他们的福报也很深厚。凡是有钱有势的人,他们想要积德行善是很容易的,但容易却不去做,这就是自暴自弃。贫贱之人想要积德修福是很难的,即使很难却能去做,这是很可贵的。

【原文】

随缘①济众,其类至繁,约言其纲,大约有十:第一,与人为善;第二,爱敬存心;第三,成人之美;第四,劝人为善;第五,救人危急;第六,兴建大利;第七,舍财作福;第八,护持正法②;第九,敬重尊长;第十,爱惜物命。

何谓与人为善?昔舜在雷泽③,见渔者皆取深潭厚泽,而老弱则渔于急流浅滩之中,恻然④哀之,往而渔焉。见争者,皆匿其过而不谈;见有让者,则揄扬⑤而取法之。期年,皆以深潭厚泽相让矣。夫以舜之明哲⑥,岂不能出一言教众人哉?乃不以言教而以身转之,此良工苦心⑦也。

吾辈处末世⑧,勿以己之长而盖人,勿以己之善而形⑨人,勿以己之多能而困⑩人。收敛才智,若无若虚,见人过失,且涵容⑪而掩覆之。一则令其可改,一则令其有所顾忌而不敢纵。见人有微长可取、小善可录,翻然⑫舍己而从之,且为艳称⑬而广述之。凡日用间,发一言,行一事,全不为自己起念,全是为物立则,此大人⑭天下为公⑮之度也。

【注释】

①随缘:佛教用语。谓随顺因缘而定行止。此处指随其机缘,不加

勉强。有顺其自然之意。

②正法:佛教用语。指释迦牟尼所说的教法。这里指正确的道理。

③雷泽:地名。一名雷夏泽,在今山东菏泽东北,传说舜曾在此捕鱼。

④恻然:同情怜悯的样子。

⑤揄扬:称赞,赞扬。

⑥明哲:明智,洞察事理。

⑦良工苦心:技艺高明的人费尽心血地构思经营。多形容优秀的艺术作品来源于苦心经营,也泛指用心良苦。良工,技术精湛的工匠。

⑧末世:佛教把教法分为正法、像法、末法三个时期。末世即末法时代,也就是佛法衰颓之时代。

⑨形:比较,对照。

⑩困:难为,为难。

⑪涵容:宽容,包容。

⑫翻然:形容改变得很快很彻底。

⑬艳称:羡慕并称赞。

⑭大人:品德高尚的人。

⑮天下为公:原意是说天下是公众的,天子之位,传给贤者而不传子。后成为一种美好社会的政治理想。

【译文】

随缘济众的种类很多,简单地来讲一下它的纲目,大约可以分为十类:第一是与人为善,第二是爱敬存心,第三是成人之美,第四是劝人为善,第五是救人危急,第六是兴建大利,第七是舍财作福,第八是护持正法,第九是敬重尊长,第十是爱惜物命。

什么是与人为善呢?以前舜在雷泽的时候,看见年轻力壮的捕鱼者都选择水深鱼多的地方捕鱼,而年老体弱的人只能在急流浅滩中捕鱼。舜感到很痛心,于是他自己也去捕鱼。看到那些争抢好位置的人,他就当作没看到一样不做任何评论;看到互相谦让的人,就大力称赞他们并让大家效法。一年之后,遇到水深鱼多的地方大家就会互相谦让。舜是一个聪明睿智的人,难道他不能说一句话来教导众人吗?这是他不用言传而是以身作则来转变别人的思想,舜真是用心良苦啊!

我们处在一个道德败坏的时代,不要用自己的长处去掩盖别人的长处,不要用自己的善行去和别人作比较,不能因为自己多才多艺就去为难别人。将自己的聪明才智收敛起来,保持虚怀若谷的态度,看到有人犯了过失,要宽容并且帮其掩盖。这样做的目的,一是给对方提供改过自新的机会,一是使他心里有所顾忌而不敢再放纵自己。如果看见他人有一丝半点值得称道的优点,或是有值得赞扬的微小善行,都要迅速抛弃自身的成见而向他们学习,同时在学习之中还要不断地称赞这些行为,替他们广为传播。在日常的生活之中,说一句话,做一件事,都不是为了个人的利益考虑,而是为了给万物树立榜样,这就是品德高尚之人天下为公的气度。

【原文】

何谓爱敬存心[①]?君子与小人,就形迹[②]观,常易相混,惟一点存心处,则善恶悬绝[③],判然如黑白之相反。故曰:君子所以异于人者,以其存心也。君子所存之心,只是爱人敬人之心。盖人有亲疏贵贱,有智愚贤不肖[④],万品不齐,皆吾同胞,皆吾一体,孰非当敬爱者?爱敬众人,即是爱敬圣贤;能通众人之志,即是通圣贤之志。何者?圣贤之志,本欲斯世斯人,各得其所。吾合爱合敬,而安一世之人,即是为圣贤而安之也。

【注释】

①存心:心中存有某种心思。这里指人的先天道德本性。

②形迹：外在的行为举止。
③悬绝：悬殊，相差很大。
④不肖：不成材，不成器。

【译文】

什么是爱敬存心呢？君子和小人，从外在的行为举止看，很容易混淆，难以区分。唯一的一点区别在于内心深处，在那里善与恶的差别非常大，就像分辨黑白两种截然不同的颜色一样。所以说，君子与常人的不同之处，就在于他们的内心。君子所存之心，只是爱人敬人之心。人有亲疏贵贱之分，也有聪明和愚蠢、贤与不贤之分。所有人都不一样，但他们都是我们的同胞，和我们是一体的。难道有谁不值得我们敬爱吗？爱敬众人，就是爱敬圣人和贤人。能懂得普通人的志向，就能懂得圣贤的志向。这是为什么？因为圣贤的志向原本就是希望这个世界和人民都能各得其所。所以我们处处爱人，处处敬人，就能使世上的所有人都安居乐业，这也是替圣贤使他们安定。

【原文】

何谓成人之美？玉之在石，抵掷①则瓦砾，追琢②则圭璋③。故凡见人行一善事，或其人志可取而资可进，皆须诱掖④而成就之。或为之奖借⑤，或为之维持，或为白其诬而分其谤，务使成立而后已。

大抵人各恶其非类，乡人之善者少，不善者多。善人在俗，亦难自立。且豪杰铮铮⑥，不甚修形迹，多易指摘⑦。故善事常易败，而善人常得谤。惟仁人长者，匡直⑧而辅翼⑨之，其功德最宏。

【注释】

①抵掷：丢弃，抛弃。

②追琢:雕琢,雕刻。
③圭璋:两种贵重的玉器,也比喻品德高尚。
④诱掖:引导扶植。
⑤奖借:勉励,赞许。
⑥铮铮:坚贞,刚强。
⑦指摘:指出错误,给以批评。
⑧匡直:纠正,改正(错误)。
⑨辅翼:辅助,辅佐。

【译文】

什么是成人之美呢?玉被石头包含在里面,如果随意丢掷,那么就和瓦片碎石没什么区别;如果对其雕琢加工,就会使其成为像圭璋那样的贵重礼器。所以说凡是看到有人做了一件善事,或者一个人的志向有可取之处,并且他的资质还能培养进步,那么就要对其进行引导和鼓励,从而使其成才。或者是勉励称赞,或者是保护扶持,或者是帮他辩解冤屈并分担别人对他的诽谤。一定要让他们在社会上立足之后才算结束。

一般而言,普通人都讨厌和自己不是同一类型的人,在同一个乡里,也是善良的人少,不善良的人多。善良的人在世俗的环境之中很难立足。况且豪杰之士都是铮铮铁骨,刚正不屈,不修边幅,很容易招致他人的批评和指责。因此,他们做善事容易失败,经常受到别人的诽谤。只有得到仁人长者的纠正和辅佐,才能使他们的功德最为宏大。

【原文】

何谓劝人为善?生为人类,孰无良心?世路役役①,最易没溺②。凡与人相处,当方便提撕③,开其迷惑。譬犹长夜大梦,而令之一觉;譬犹久陷烦恼,而拔之清凉④,为惠最溥⑤。韩愈⑥云:"一时劝人以口,百世劝人以书。"较之与人为善,虽有形迹,然对证发药,时有奇效,不可废也。失言失人⑦,当反⑧吾智。

【注释】

①役役:劳苦不息的样子。
②没溺:沉沦,堕落。
③提撕:提醒,指引(对方)。
④清凉:佛教称一切苦、烦恼皆寂灭永息为"清凉"。
⑤溥:广大,博大。
⑥韩愈:字退之,河阳(今河南孟州南)人。自称郡望河北昌黎,世称韩昌黎。唐代文学家、思想家、政治家。早孤,由兄嫂抚养成人。德宗贞元八年(792)进士,历任监察御史、阳山令、刑部侍郎、潮州刺史、吏部侍郎,卒赠礼部尚书。在政治上不赞成改革,但反对藩镇割据;在思想上以儒家道统继承者自任,推崇儒学,排斥佛老;文学上主张师法秦汉古文传统,积极倡导"古文运动",提出"文以载道""文道合一"的观点。
⑦失言失人:出自《论语·卫灵公》:子曰:"可与言而不与之言,失人;不可与言而与之言,失言。"意为不该对某人说的话却说了,这是失去了可交往的人;该对某人说的话却没有说,这是说话不得当。
⑧反:反思,自责。

【译文】

什么是劝人向善呢?生而为人,哪一个又没有善良之心呢?在世俗的道路上奔走钻营,追名逐利,很容易让人沉沦堕落。凡是与人相处,就应该在方便的时候提醒对方,开解他的疑惑。譬如一个人在漫漫长夜中做着春秋大梦,而你让他瞬间清醒;又譬如一个人长期陷落在烦恼之中,而你将他从烦恼中解救出来,使他头脑清凉,这种恩惠是最广大的。唐朝韩愈曾说:"一时劝人以口,百世劝人以书。"这和与人为善相比,虽然露出了痕迹,但是对症下药时常会出现神奇的效果,这是不能废弃的。如果产生失言失人的问题,那就应当反思一下自己的智慧了。

【原文】

何谓救人危急？患难颠沛①，人所时有。偶一遇之，当如恫瘝②之在身，速为解救。或以一言伸其屈抑③；或以多方济其颠连④。崔子曰："惠不在大，赴人之急可也。"盖仁人之言哉。

【注释】

①颠沛：处境艰难困顿。
②恫瘝（tōngguān）：病痛，疾苦。
③屈抑：委屈，压抑。
④颠连：困顿，困苦。

【译文】

什么是救人危急呢？艰难困苦的处境，每个人都会遇到。如果偶尔遇到了一个身处艰难困苦之中的人，就应该把他身上的痛苦当作自己身上的痛苦一样，迅速去解救他。或者说一句话替他辩解委屈压抑，或者想尽办法帮他度过不幸。明代的崔铣说："恩惠不一定要多大，只要能够救人之急就可以了。"这确实是仁德之人说的话呀！

【原文】

何谓兴建大利？小而一乡之内，大而一邑之中，凡有利益①，最宜兴建。或开渠导水，或筑堤防患；或修桥梁，以便行旅；或施茶饭，以济饥渴；随缘劝导，协力兴修，勿避嫌疑②，勿辞劳怨。

【注释】

①利益：对公众有利的事情。

②嫌疑:猜疑,猜忌。

【译文】

什么是兴建大利呢?小到一乡之内,大到一县之中,凡是对人们有有利益的事情,都应该兴建。或者开凿水渠引水,或者修筑堤坝防止水患,或者修建桥梁方便出行,或者施舍茶饭救济饥饿的人。随缘劝导身边的人,同心协力来兴修对公众有利的事业,不要怕别人的猜忌怀疑,也不要因为劳苦怨恨而推辞。

【原文】

何谓舍财作福?释门万行①,以布施②为先。所谓布施者,只是舍之一字耳。达者内舍六根③,外舍六尘④,一切所有,无不舍者。苟非能然,先从财上布施。世人以衣食为命,故财为最重。吾从而舍之,内以破吾之悭⑤,外以济人之急。始而勉强,终则泰然,最可以荡涤私情,祛除执吝。

【注释】

①万行:一切的行为或修行。

②布施:佛教用语。施舍给他人财物、体力、智慧等,以求累积功德直至解脱的一种修行方法。布施有三种:一为财施,即以财物去救济疾病贫苦之人;二为法施,即以正法去劝人修善断恶;三为无畏施,即不顾虑自己的安危去解除别人的怖畏。

③六根:佛教用语。即眼、耳、鼻、舌、身、意。眼是视根,耳是听根,鼻是嗅根,舌是味根,身是触根,意是念虑之根。根者能生之义,如草木有根,能生枝干,识依根而生,有六根则能生六识。

④六尘:佛教用语。指色尘、声尘、香尘、味尘、触尘、法尘。尘为染污之义,谓能染污人们清净的心灵,使真性不能显发,故称为尘。此六尘

在心之外,故称外尘。此六尘犹如盗贼,能劫夺一切之善法,故称六贼。

⑤悭(qiān):吝啬,小气。

【译文】

什么是舍财作福呢?佛门中的善行有上万种,其中以布施最为重要。所谓布施,不过就是一个"舍"字而已。通达的人能从内心舍弃六根,从外界舍弃六尘,所有的一切,没有不能舍弃的。如果不能做到这个样子,那就得先从钱财上去布施。世人把衣食当作自己的身家性命,所以他们把钱财看得很重。如果我们能够将钱财舍弃,那么从内就可以破除自己的悭吝,从外就能救人之急。这么做开始的时候会觉得有些勉强,时间久了也就心安理得了,最后可以荡涤掉自己的私情,消除自己对钱财的执着与吝啬。

【原文】

何谓护持正法?法者,万世生灵之眼目也。无有正法,何以参赞①天地?何以裁成②万物?何以脱尘离缚?何以经世③出世④?故凡见圣贤庙貌⑤,经书典籍,皆当敬重而修饬⑥之。至于举扬正法,上报佛恩,尤当勉励。

【注释】

①参赞:协助谋划。

②裁成:裁剪制成。语出《周易·泰》:"天地交,泰,后以财成天地之道。"《汉书·律历志》引此句将"财成"改为"裁成"。

③经世:治理世事,造福苍生。

④出世:超脱人世,脱离世间束缚。

⑤庙貌:庙宇及神像。

⑥修饬:修理,整理。

【译文】

　　什么是护持正法呢？法是万世生灵的眼睛。如果没有正法,怎么参与天地造化之中呢？怎么培育生成万物呢？怎么摆脱尘世的束缚呢？怎么去经世出世呢？所以说凡是见到供奉圣贤的庙宇和经书典籍,都应当心怀敬重并修缮整理。至于弘扬正法,报答佛祖的恩惠,这种事情尤其应当鼓励。

【原文】

　　何谓敬重尊长？家之父兄,国之君长,与凡年高、德高、位高、识高者,皆当加意奉事。在家而奉侍父母,使深爱婉容①,柔声下气,习以成性②,便是和气格天③之本。出而事君,行一事,毋谓君不知而自恣④也。刑一人,毋谓君不知而作威也。事君如天,古人格论⑤,此等处最关阴德。试看忠孝之家,子孙未有不绵远而昌盛者,切须慎之。

【注释】

　　①婉容:和顺的仪容。
　　②习以成性:养成习惯,即成本性。
　　③格天:感通上天。
　　④自恣:放纵自己,不受约束。
　　⑤格论:精当的言论,至理名言。

【译文】

　　什么是敬重尊长呢？家里的父亲和兄长,国家的君主和长官,以及凡是年龄大、品德高、职位高、见识高的人,都应该特意地敬重他们。在家里要侍奉父母,要具备深爱父母的心和温婉的容貌,要心平气和,这样才能逐渐养成习惯。这就是和气感动上天的根本办法。出门在外侍奉君主，做任何一件事，都不能因为君主不知道就肆意妄为。惩罚一个人，不能因为君主不知道就作威作福。侍奉君主就像侍奉上天一样，这是古人的至理名言，这与阴德的关联最密切。试看那些忠孝的家庭，子孙后代没有不传承久远、兴旺发达的。所以，一定要谨慎小心。

【原文】

何谓爱惜物命？凡人之所以为人者，惟此恻隐①之心而已；求仁者求此，积德者积此。《周礼》曰："孟春②之月，牺牲③毋用牝④。"孟子谓君子远庖厨⑤，所以全吾恻隐之心也。故前辈有四不食之戒，谓闻杀不食，见杀不食，自养者不食，专为我杀者不食。学者未能断肉，且当从此戒之。渐渐增进，慈心愈长，不特杀生当戒，蠢动含灵⑥，皆为物命。求丝煮茧，锄地杀虫，念衣食之由来，皆杀彼以自活。故暴殄⑦之孽，当与杀生等。至于手所误伤，足所误践者，不知其几，皆当委曲防之。古诗云："爱鼠常留饭，怜蛾不点灯。"何其仁也！

善行无穷，不能殚述⑧；由此十事而推广之，则万德可备矣。

【注释】

①恻隐：怜悯，不忍。
②孟春：春季的第一个月，农历正月。
③牺牲：祭祀用的纯色全体牲畜。
④牝：雌性的兽类，也泛指雌性。
⑤君子远庖厨：语出《孟子·梁惠王上》："君子之于禽兽也，见其生，不忍见其死；闻其声，不忍食其肉。是以君子远庖也。"庖厨，厨房。

⑥蠢动含灵:泛指一切生物。
⑦暴殄:任意浪费,糟蹋。
⑧殚述:详细叙述。

【译文】

　　什么是爱惜物命呢？人之所以为人,只是因为人有恻隐之心而已。追求仁德的人所追求的就是这点,积德的人所积累的也是这点。《周礼》说:"早春的时候,祭祀的牲口不能用母的。"孟子说君子要远离庖厨,这是为了保全自己的恻隐之心。因此,先贤有四条不能吃的戒条:听见宰杀的声音不吃,看到宰杀的情形不吃,自己喂养的不吃,专门为自己宰杀的不吃。读书人不能断绝吃肉,就应当遵守这四条戒条。这样循序渐进地去做,恻隐之心就会不断增长。不光杀生应该戒除,就是蠕动爬行的昆虫,也含有灵性,都是万物生灵。为了得到蚕丝而煮茧,锄地的时候杀死地里的虫子,考虑到衣食的由来,都是杀死其他生命来养活自己。所以,暴殄天物的罪孽,和杀生是同等的。至于那些被手误伤,被脚误踩的生命,不知道有多少,这些都应该想方设法去防备。古诗说:"爱鼠常留饭,怜蛾不点灯。"这是多么的仁慈啊!

　　善行的种类是无穷无尽的,不是一下子就能说得完的。由上面所说的十件事推衍开来,那么成千上万的功德也都可以圆满了。

第四篇　谦德之效

【原文】

　　《易》曰："天道亏盈而益谦；地道变盈而流谦；鬼神害盈而福谦；人道恶盈而好谦。"是故《谦》之一卦①，六爻皆吉。《书》曰："满招损，谦受益。"予屡同诸公应试，每见寒士②将达，必有一段谦光可掬。

　　辛未计偕③，我嘉善同袍④凡十人，惟丁敬宇宾，年最少，极其谦虚。

　　予告费锦坡曰："此兄今年必第⑤。"

　　费曰："何以见之？"

　　予曰："惟谦受福。兄看十人中，有恂恂⑥款款⑦，不敢先人，如敬宇者乎？有恭敬顺承⑧，小心谦畏，如敬宇者乎？有受侮不答，闻谤不辩，如敬宇者乎？人能如此，即天地鬼神，犹将佑之，岂有不发者？"

　　及开榜，丁果中式⑨。

【注释】

　　①卦：《周易》中一套有象征意义的符号。以阳爻（—）、阴爻（--）

相配合,每卦三爻,组成八卦,即乾、坤、震、巽、坎、离、艮、兑,象征天地间八种基本事物。八卦互相搭配,又演变成六十四卦,象征事物间的矛盾联系。古代视占卜所得之卦判断吉凶。

②寒士:贫穷的读书人。

③计偕:举人进京参加会试。

④同袍:泛指朋友、同学、同年、同僚等。

⑤第:及第,登科。

⑥恂恂:恭谨温顺的样子。

⑦款款:真诚,诚恳。

⑧顺承:顺从承受。

⑨中式:科举考试被录取。

【译文】

《周易》上说:"天的规律是让盈满的受损,让虚缺的增益;地的规律是让盈满的改变,让谦抑的增加;鬼神会祸害自满的人,降福给谦虚的人;人们厌恶骄傲自满的人,喜欢谦虚的人。"所以,在《谦》卦当中,六爻都是吉利的。《尚书》上说:"自满就会受到伤害,谦虚就会得到益处。"我曾经多次和诸位考生一起参加考试,每次看到那些即将发达的寒门读书人的时候,在他们身上一定有一段谦逊的光彩,仿佛可以用手捧起来。

辛未年我进京参加考试,和我同行的嘉善同乡有十人,其中有一个叫丁宾字敬宇的人,他年龄最小,但为人却非常谦虚。

我告诉费锦坡说:"这位兄弟今年一定会考中。"

费锦坡问我:"怎么看出来的呢?"

我说:"只有谦虚的人才能获得福报。老兄你看这十个人当中,有谁像丁宾那样谨慎小心,温顺随和,做事情不抢在其他人前面呢?又有谁像他那样恭敬顺从,小心谦虚呢?有谁像他那样受到欺辱不在意,听到诽谤不去辩解呢?一个人能做到这样,就是天地鬼神,也都会来保护他的,又怎么会不发达呢?"

等到开榜,丁宾果然考中了。

【原文】

丁丑在京,与冯开之同处,见其虚己敛容①,大变其幼年之习。李霁岩直谅②益友,时面攻其非,但见其平怀顺受,未尝有一言相报。予告之曰:"福有福始,祸有祸先,此心果谦,天必相之,兄今年决第矣。"已而③果然。

赵裕峰,光远,山东冠县人,童年举于乡,久不第。其父为嘉善三尹④,随之任。慕⑤钱明吾,而执文见之,明吾悉抹其文,赵不惟不怒,且心服而速改焉。明年,遂登第。

壬辰岁,予入觐⑥,晤夏建所,见其人气虚意下,谦光逼人,归而告友人曰:"凡天将发斯人也,未发其福,先发其慧;此慧一发,则浮者自实,肆者自敛;建所温良若此,天启之矣。"及开榜,果中式。

【注释】

①敛容:面容庄重,神情严肃。
②直谅:正直诚信。语出《论语·季氏》:"孔子曰:益者三友,损者三友。友直,友谅,友多闻,益矣。友便辟,友善柔,友便佞,损矣。"
③已而:随即,不久。
④三尹:明、清时对县主簿的别称。明、清两代县令称大尹,县丞称二尹,主簿称三尹。主簿主要协助县令处理钱粮、户籍、文书等事务。
⑤慕:仰慕,敬仰。
⑥入觐(jìn):指地方官员进京朝见皇帝。

【译文】

丁丑年在京城,我和冯开之住在一起,只见他谦虚谨慎,面容庄重,与他小时候的习气大不相同。李霁岩正直诚实,是他的好朋友,经常当面指出他的错误,但他总是心平气和地接受,从来没有反驳一句。我告诉他说:"福有福的根源,祸有祸的先兆。只要你内心能够真的谦虚,上天一定会庇佑你,你今年一定会高中的。"后来冯开之果然考中了。

赵裕峰,名光远,山东冠县人。他尚未成年的时候就中了举人,后来多次参加会试都没有考中。他的父亲当了嘉善县的主簿,他跟随父亲前去上任。他非常仰慕钱明吾,就带着自己写的文章去见他。没想到钱明吾拿笔把他写的文章全部涂掉了,赵光远不但不发火,而且还心服口服,迅速把自己的文章修改了。第二年,赵光远就考中了进士。

壬辰年,我到京城觐见皇帝,遇到了一个叫夏建所的人,我见他为人谦逊,没有一丝骄傲的神情,他谦虚的光彩仿佛能逼近人。我回去后告诉朋友说:"凡是上天要让一个人发达,即使没有先开启他的福报,一定会先开启他的智慧。这个智慧一旦开启,那么浮华的人也会变得诚实,放肆的人也会变得收敛。夏建所温和善良到这个地步,是上天开启了他的智慧。"等到开榜,夏建所果然考中了。

【原文】

江阴张畏岩,积学工文①,有声艺林②。甲午,南京乡试,寓一寺中,揭晓③无名,大骂试官,以为眛目④。时有一道者,在傍微笑,张遽⑤移怒道者。道者曰:"相公⑥文必不佳。"

张怒曰:"汝不见我文,乌知不佳?"

道者曰:"闻作文,贵心气和平,今听公骂詈,不平甚矣,文安得工?"

张不觉屈服,因就而请教焉。

道者曰:"中全要命;命不该中,文虽工,无益也。须自己做个转变。"

张曰:"既是命,如何转变?"

道者曰:"造命者天,立命⑦者我。力行善事,广积阴德,何福不可求哉?"

张曰:"我贫士,何能为?"

道者曰:"善事阴功,皆由心造⑧,常存此心,功德无量,且如谦虚一节,并不费钱,你如何不自反而骂试官乎?"

张由此折节⑨自持,善日加修,德日加厚。丁酉,梦至一高房,得试录一册,中多缺行。问旁人,曰:"此今科试录。"

问:"何多缺名?"

曰:"科第阴间三年一考较,须积德无咎⑩者,方有名。如前所缺,皆系旧该中式,因新有薄行⑪而去之者也。"后指一行云:"汝三年来,持身颇慎,或当补此,幸自爱。"是科果中一百五名。

【注释】

①积学工文:学识渊博,擅长写文章。工,擅长,善于。
②艺林:文学艺术荟萃的地方。这里指读书人圈子。
③揭晓:张榜公布。
④眯目:指有眼无珠。
⑤遽(jù):立即,马上。
⑥相公:古代对读书人的敬称。明、清时期,秀才也被称为相公。
⑦立命:谓修身养性以奉天命。

⑧心造：佛教用语。指为心所生。
⑨折节：改变以往的志趣或行为。
⑩无咎：没有差错，没有过失。
⑪薄行：品行不端，行为轻薄。

【译文】

　　江阴张畏岩，学识渊博，文章写得很好，在读书人当中很有名气。甲午年，他到南京参加乡试，借宿在一座寺庙里。等到开榜的时候，榜上却没有他的名字，他因此大骂考官有眼无珠。当时有一个道士在旁边微笑，张畏岩把一腔怒火迁移到道士身上。道士说："您的文章一定写得不怎么样。"

　　张畏岩更加愤怒了，说："你又没看到过我的文章，怎么知道我写得不好。"

　　道士说："我听说写文章贵在心平气和，现在我听到你在这里大喊大骂，看来你心里非常的愤愤不平，文章怎么能写得好呢？"

　　听了道士一番话，张畏岩逐渐变得服气了，于是他就向道士请教。

　　道士说："考中全靠命。命不该中，文章写得再好，也是没用的，因此一定要自己做个转变。"

　　张畏岩说："既然是命中注定，那又怎么可能转变呢？"

　　道士说："创造命运在于天，改变命运在于我。努力多做善事，多积阴德，什么福报不可以求得呢？"

　　张畏岩说："我是一个贫穷的读书人，能做些什么呢？"

　　道士说："做善事，积阴德，都是出于内心的想法。常存行善之心，就会功德无量。况且像谦虚这件事，并不需要花钱。你为什么不自我反省，反而去骂考官呢？"

　　从此以后，张畏岩变得谦虚谨慎，自我克制。他每天都做善事，功德也一天比一天深厚。丁酉年，他梦到自己在一所大房子里得到了一册考试名录，里面有很多行是空缺的。于是他问旁边的人，旁边的人说："这是今年科考的录取名册。"

张畏岩问："为什么会有这么多空行呢？"

那个人说："对那些参加科举考试的人，阴间每隔三年就会考查他们一次，只有那些行善积德并且没有过错的人，名录上才会有他的名字。就像册子前面的缺行，都是原本应该考中，但是因为最近品行不端被除名了。"后来又指着一行说："你三年来自我克制，谨慎小心，也许你应该可以补进这里的空缺了。希望你洁身自爱。"这一次乡试，他果然考中了第一百零五名。

【原文】

由此观之，举头三尺，决有神明；趋吉避凶，断然由我。须使我存心制行①，毫不得罪于天地鬼神，而虚心屈己②，使天地鬼神，时时怜我，方有受福之基。彼气盈者，必非远器③，纵④发亦无受用。稍有识见之士，必不忍自狭其量，而自拒其福也，况谦则受教有地，而取善无穷。尤修业者⑤所必不可少者也。

古语云："有志于功名者，必得功名；有志于富贵者，必得富贵。"人之有志，如树之有根，立定此志，须念念谦虚，尘尘方便⑥，自然感动天地，而造福由我。今之求登科第者，初未尝有真志，不过一时意兴耳。兴到则求，兴阑⑦则止。

孟子曰："王之好乐甚，齐其庶几⑧乎？"予于科名亦然。

【注释】

①制行：约束自己的言行。
②屈己：放低自己的姿态。

③远器:远大的气度。
④纵:即使,纵然。
⑤修业者:读书人。
⑥尘尘方便:时时处处与人方便。
⑦兴阑:兴残,兴尽。
⑧庶几:差不多。

【译文】

由此看来,举头三尺一定有神明存在;而趋吉避凶,则完全取决于我们自己。一定要让我们自己保持善心,约束自己的行为,不能对天地鬼神有丝毫的得罪,而且要谦虚小心,使天地鬼神时刻怜爱我们。这样才有获得上天福报的根基。那些盛气凌人的人,一定不能担当大任,即使发达了也没有福气享受。稍微有点见识的人,一定不会容忍使自己气量狭隘,从而拒绝得到自己应有的福报。况且只有谦虚的人,才有接受教育的余地,这样能得到无穷无尽的好处。尤其对于那些读书人来说,这是必不可少的。

古语云:"有志于功名的人,一定会得到功名;有志于富贵的人,一定会得到富贵。"人有了志向,就像树有了根基。只要立定志向,就必须时时刻刻保持谦虚,处处给人帮助,自然会感动上天,而造福全在于我们自己。如今那些求取功名的人,一开始并没有真正立定志向,不过是一时兴起。兴致来了就去求,兴致没了就放弃。

孟子说:"大王如此喜欢音乐,看来齐国被您治理得差不多了。"在我看来,求取功名也是同样的道理。

附录一

赠尚宝少卿袁公传

[清] 朱鹤龄

公讳黄,字坤仪。曾祖颢,祖祥,父仁,代有著述,不仕。仁更能诗,书法赵松雪。公少失怙,苦学,善属文。祖赘嘉善殳氏,因补其邑诸生,名藉藉起。岁大祲,嘉善许令问消弭之策,公引《洪范》五行及管辂、邵雍语以对。令异之,遂辟书院,令高才生受经。隆庆丁卯,选贡入南雍,举庚午乡试。负笈者云集,指授文规,往往得隽去。万历丙戌,始成进士,时年五十三矣。公学通古今,谈时务凿凿。甫释褐,奉总宪札,与常熟宫坊赵公用贤,共议清核苏松钱粮。公上《赋役议》:一曰分赋役,以免混派;二曰清加派,以绝影射;三曰修实政,以省兵饷;四曰查派剩,以杜加赋;五曰免协济,以恤穷民。又清减额外加征米银十余条。豪猾以不便己,率为浮言眩当事,沮格不行,识者叹焉。戊子,谒选得宝坻知县。邑赋亩二分有奇,诸役编派反倍之。车运皇木,役最疲。公建议请乘漕艘未集,由会通河运入,而移皇木厂于三贤祠北,使滨水受木,且去京密迩,取给便。当事为奏之,报可。因尽革重夫、重马、采石及箭手诸役,省派里甲银两,正赋而外,毫无扰焉。内臣开厂,督贡银鱼,为民厉。公上书阁臣,谓:"鱼自海抵邑,又自邑抵京,道纡,鲜易败。请由海滨驰至京,应上供。"阁臣允之,自是中贵罕至者。潞藩之国邻邑,率赋多金为公费,水浅舟胶,留顿则费逾广。公令囊沙壅下流,水满舟易达,及舟将至,则启沙囊更壅其下,不移日越境。邑地洼下,比岁大潦。公浚治三垒河,筑堤捍之。海水时溢入为患,令海岸多植柳,高数尺,潮退,沙遇柳辄淤,渐成堤。因于堤内治沟塍,课耕种,旷土大辟。是时,蓟镇主客兵不满十二万,而年例银及屯田、民运诸项,计且至一百五十万。抚军以公晓畅边事,檄令酌议。乃列十事以献:曰革养军之虚费,曰汰台兵之冗员,曰谨抚赏之机宜,曰定市马之良法,曰复旧耕之额田,曰广山林之种植,曰兴险阻之水利,曰增将领之供给,曰置轻车之便利,曰核器械之冒滥。又兵备王令议防海事宜及军民利病,公各列八款上之,语皆石画。壬辰,以大中丞蹇达荐,特召为兵部职方司主事。适倭蹂朝鲜,朝廷大举东征,甫到部,经略蓟辽宋应昌疏请赞画军前,兼督朝鲜兵政。冬月,浮海渡鸭绿江,调护诸将,拊循三军。提督李如松大捷平壤,部下多割死级报功,公驰谕禁之。如松不悦,自引辽兵而东,委守平壤,不畀一卒。清正兵来袭,公遣麾下及朝鲜兵三千邀击之,于南山观音洞杀数十人,擒其将叶实。如松骄而贪,轻骑独进,经碧蹄馆,为倭所乘,军大衄,退守开城。(据钱牧斋《东征二士录》)大司马石星意遂主款,应昌入沈惟敬之言,支吾封贡。公亦以将骄兵罢、浪战非策,上书本兵。言之未几,竟中拾遗疏劾为令时纵民逋赋,革职。归田十余年卒,年七十有四。天启改元,大冢宰赵公南星,追叙东征功,得赠尚宝司少卿。生平著书甚富,多散佚,今惟《两行斋集》《历法新书》《群书备考》梓行。子俨,天启乙丑进士,官高要令卒。公博学尚奇,凡河图洛书、象纬律吕、水利河渠、韬钤赋役、屯田马政,以及太乙、奇门、六壬、岐黄、勾股、堪舆、星命之学,莫不洞悉原委,雅以经济自负。未第时,尝受兵法于终南山中刘隐士,又尝服黄冠,独行塞外者经年。九边形胜,山川营堡,历历能道之。其赞理东征也,访求奇士,得冯仲缨、金相,置幕下。倭酋清正者,故萨磨君之弟。关白虽篡,心畏之,使嬖人行长将前军,而清正为后继。清正倍道取咸镜,趣鸭绿江。时如松败保开城,而经略驻定州,前后皆阻,倭计无所出。仲缨与相言于公,曰:"清正轻行长,而贰于关白,可撼而间也。"公乃遣入清正营,说使释所房王子、陪臣,退兵决封贡。清正果如命,即日自王京解兵东归。(据《东征二士录》)先是,公言岁星历尾,尾为辽分野,朝鲜属焉。今色不青而白,此兵征。然朝鲜得岁而倭伐之,倭将有内变,朝鲜必复国。追后倭撤兵归,关白死,卒如其言云。

论曰:公自言生平得力静坐,然其学流入禅玄,好为三教合一之说。

其以"两行"名集,亦取老氏"有无""双行"之旨,故与管公东溟深契。而说书义解,多与儒先抵牾,然其砭讹发覆,则俗学所未有也。《语》云:"通天地人之谓儒。"公虽未为醇儒也,独不得谓之通儒乎?

李廓庵先生世达曰:公初为张文忠公居正客。文忠议正乐,依古法造密室三重。又依蔡氏,多截管以候气,不应。使公视之,曰:"候气之室,宜择闲旷地,今瓦砾丛积,则地气不至,一不合也。外室之墙宜入地三尺,二重木室入地一尺六寸,三重木室入地七寸六分。今皆不然,仅可固地上之气,不可固地中之气,二不合也。室三重,各启门。为门之位,外之以子,中之以午,内复以子,所以反覆而固气也,今皆以午,三不合也。声气之元,寄之象数,必有自然之理。今所截众管,大小不伦,四不合也。天之午,常偏于丙二分有半,今日圭所测是也;地之午,常偏于午二分有半。冬至候黄钟之管,宜埋壬子之中,位一而已,岂可多截管乎?五不合也。"文忠如公言,择地天坛之南隅,飞灰果应。文忠欲属公以正乐之事,公请先正历法,语不合,遂谢去。公尝受历于长洲陈壤,其法本回回历,以监法会通之,更定律元,纠正五纬,最为详密,号《历法新书》。

(清·朱鹤龄《愚庵小集》)

袁了凡传

[清]彭绍升

袁了凡,名黄,江南吴江人,故字学海。幼孤业医。有术者孔生,善皇极数,推了凡命,劝令习儒书,曰:"明年当补诸生,后以贡生为知县,终五十二岁,然无子。"了凡之先赘嘉善殳氏,遂补嘉善县学生,既而贡太学。其考校名次、廪米斗石之数悉符孔生悬记语。顷之,访云谷禅师于栖霞,与云谷坐对一室,三昼夜不瞑。云谷异之曰:"子昼夜中不起妄想。入道不难也。"了凡曰:"吾生平有孔生者悬记之,既验矣。荣辱生死,其有定数审矣。知妄想之无益也,息之久矣。"云谷曰:"吾以豪杰之士待子,不知子之为凡夫也。人之生固前有定数焉,然大善大恶之人则皆非前数之所得定也。子二十年坐孔生算中,不得一毫转动,凡夫哉!"曰:"然则定数可变乎?"云谷曰:"命自我造,福自己求。一切福田,不离自性,反躬内省,感无不通。何为其不可变也?孔生悬记汝者何,试说之。"了凡以告。云谷曰:"汝自揣应得科第否?应生子否?"了凡自忖良久曰:"不应也。好逸恶劳,恃才矜名,多言善怒,喜洁嗜饮之数者,俱非载福之基也。"云谷曰:"人苦不知非。子知非,子即痛刷之。从前种种,譬如昨日死;从后种种,譬如今日生。此义理再生之身也,何前数之不可变也。"了凡韪其言,肃容再拜曰:"谨受教。"因为疏,发己过于佛前,誓立功行三千以自赎。云谷于是授以功过格,教以准提咒。谓曰:"事天立命,须于何思何虑时,实信天人合一之理。于此起善行,是真善行;于此言感通,是真感通。孟子论立命曰:'夭寿不二,修身以俟之。'曰夭寿则一切顺逆该之矣,曰修则一切过恶不容姑忍矣,曰俟则一切觊觎一切将迎皆当薙绝矣。到此地位,纤毫不动,求即无求。不离有欲之中,直造先天之境。汝今未能,但持准提咒无令间断。持至纯熟,持而不持,不持而持,日用应缘,念头不动,则灵验矣。"是日更字了凡,自后终日兢兢。暗室独处,战惕倍至。遇人憎毁,恬然容受不校也。其明年为隆庆四年,举于乡。自言行履未纯,检身多悔,积十余年,而前所誓三千行始满,复誓再行三千行。无何生子俨。又三年后所誓满,复誓行一万行。后四年为万历十四年,成进士,授宝坻知县。

　　了凡自为诸生,好学问,通古今之务,象纬律算兵政河渠之说靡不晓练。其在官孜孜求利民,治绩甚著,而终以善行迟久未完自疚责。一夕梦神告曰:"减粮一事,万行完矣。"初宝坻田赋每亩二分三厘七毫,了凡为区画利病,请于上官得减至一分四厘六毫。神人所言指此也。县数被潦,乃浚三垛河筑堤以御之。又令民沿海岸植柳,海水挟沙上,遇柳而淤,久之成堤。治沟塍,课耕种,旷土日辟,省诸徭役以便民。后七年擢兵部职方司主事,会朝鲜被倭难,来乞师。经略宋应昌奏了凡军前赞画兼督朝鲜兵。提督李如松以封贡绐倭,倭信之不设备,如松遂袭,破倭于平壤。了凡面折如松不应行诡道,亏损国体,而如松麾下又杀平民为首功。了凡争之强,如松怒,独引兵而东。倭袭了凡,了凡击却之,而如松军果败。思脱罪,更以十罪劾了凡,而了凡旋以拾遗被议。削籍归,居常诵持经咒习禅观,日有课程,公私遽冗,未尝暂辍。初与僧幻予密藏,议刻小本藏经。阅数年事颇集,遂于佛前发愿云:"黄自无始以来,迷失真性,枉受轮回,今幸生人道,诚心忏悔,破戒障道重罪,勤修种种善道。睹诸众生现溺苦海,不愿生天独受乐趣;睹诸众生昏迷颠倒,不愿证声闻缘觉自超三界。但愿诸佛怜我,贤圣助我,即赐神丹或逢仙草,证五通仙果,住五浊恶世,救度众生,力持大法永不息灭。又愿得六神通,智慧顿开,辩才无量,一切法门靡不精进。世间众艺,高擅古今,使外道阐提垂首折伏,作如来之金汤,护正法于无尽。"发愿已,书之册,为唱导焉。家不富而好施,岁捐米数百石,饭僧居其大半,余施穷乏者,曰:"传佛法者僧也,吾故急焉。"妻贤助之施,亦自记功行,不能书,以鹅翎茎渍朱逐日标历本。或见了凡积功少,即颦蹙。尝为子制絮衣,了凡曰:"何不用棉?"曰:"欲得余钱以衣冻者耳。"了凡喜曰:"若能是,不患此子无禄矣。"家居十余年,卒年七十四。熹宗朝追叙征倭功,赠尚宝司少卿。

著诫子文行于世。其《积善篇》曰:"《易》曰:'积善之家,必有余庆。'然其真假、端曲、是非、半满、大小、难易,当深辨也!何谓真假?人之行善,利人者公,公则为真。利己者私,私则为假。根心者真,袭迹者假。无为而为者真,有为而为者假。何谓端曲?今人见谨愿之士,类以为善。其次则取边幅自守者,至言大而行不掩者弃之矣。然圣人思狂者与狷者,而以愿人为德贼,是流俗之取舍与圣人反也。天地鬼神之福善祸淫与圣人同是非,不与世俗同取舍。有志积善者,慎无狥流俗之耳目也。但于己心隐微默默自洗涤,默默自检点。如其纯为济世之心则为端,有一毫媚世之心即为曲。纯为爱人之心则为端,有一毫愤世之心即为曲。何谓是非?鲁国之法,有赎人于诸侯者受金于府。子贡赎人而不受金,孔子闻之曰:'自今以往无赎人于诸侯者矣!'子路拯人于溺,其人谢以牛,子路受之。孔子喜曰:'自今鲁国多拯人于溺者矣!'故知人之为善,不论见行而论流极。现行善其流足害人,非善也。现行似未尽善,而其流足以济人,非不善也。何谓半满?《易》言:'善不积不足以成名。'是如贮物于器焉,勤而贮之,日积而满,懈而不贮则不满也。此一说也。昔有女子入寺施钱二文,主僧亲为忏悔。及后入宫,回施千金,主僧令其徒回向而已。女子问其故,僧曰:'前者施心甚虔,非老僧亲忏不足报德。今则有间矣!'此千金为半,二文为满也。钟离授丹于吕仙,点铁成金,可以济世。吕问曰:'终变否?'曰:'五百年后当复本质。'吕曰:'如此则误五百年后人,吾不为也。'曰:'修仙要积三千功行。汝此一言,三千功行满矣。'又一说也。又为善而心不著善,则随所成就,皆得圆满。心著于善,终身勤厉,止于半善。譬如以财施人,内不见己,外不见人,中不见所施之物,是谓三轮体空,是谓一心清净,则斗粟可以种无涯之福。一文可以消千劫之灾。苟此心未忘,虽施万镒,福不满也。又一说也。何谓大小?昔卫仲达为馆职,被摄至冥司。吏呈善恶二录,恶录盈庭,善录如箸而已。以称平之,则善录重而衡仰,恶录轻而衡低。仲达问:'何书重如是?'吏曰:'朝廷尝大兴工役,造三山桥,君上疏谏止之,此疏藁也。'仲达曰:'某虽言之,未见从。于事何补?'吏曰:'虽未见从,君一念之仁已被万民,善力大矣。'故知善在天下国家,虽少而大。若在一身,虽多亦小。何谓难易?先儒谓克己须从难克处克,夫子告樊迟为仁曰'先难'。若难舍处能舍,难忍处能忍,斯可贵矣。善量无穷,义类亦众,有志力行推而广之。"

其《改过篇》曰:"夫造福远灾,未论行善,先宜改过。然改过有机,其机在心。第一要发耻心。孟子曰:'耻之于人大矣。'以能用耻则圣贤,不能用耻则禽兽。几希之间,其危甚矣。第二要发畏心。日月在上,鬼神难欺。虽在隐微,实昭鉴之。一念悔悟真诚,足涤百年宿秽。譬如幽谷,一灯才照,积暗俱除。故过不论久近,贵于能改。但人命无常,一息不属,欲改无由,可为哀痛。第三要发勇心。人不改过,多是因循退缩。若有刻不能安之,心如毒蛇螫指,疾速斩除,不肯姑待,此风雷之益也。然人之过,有从事上改者,有从理上改者,有从心上改者。工夫不同,效验亦异。如前日杀生,今戒不杀。前日怒詈,今戒不怒。就事而改,强制于外,其难百倍。且病根终在,东灭西生,非究竟廓然之道也。善改过者,未禁其事,先明其理。如过在杀生,即思曰:'上帝好生,物皆恋命。杀彼养己,于心不安。且其在彼既受屠割,复入鼎镬,种种痛苦彻骨入髓。而其在己珍馔罗列,食过即空。疏食菜羹,尽可充腹。何为戕物亏仁造虚妄业?'如前日好怒,必思曰:'人有不及,情所宜矜。悖理相干,于我何与?无可怒者。'又思天下无自是之豪杰,无尤人之圣贤。行有不得,悉以自反。谤毁之来,欢然受赐。且闻谤不怒,虽谗焰灼天,如火焚空,终将自息。闻谤而怒,虽巧言力辩,如蚕作茧,自取缠绵,不惟无益,兼有大损。其余种种过恶,皆当据理思之。此理日明,过将自止。何谓从心而改?过有千端,惟心所造。吾心不动,过安从生?学者于好色好名好货好怒,种种过端,不必逐类寻求。但当一心为善,时时正念现前。邪念即起,污染不上。如太阳当空,魍魉自遁。如红炉炙炭,雪点自消。此精一之正传,乃执中之大道。如斩毒树,直断其根。枝枝而求,叶叶而摘,只益自劳,终成迷复。大抵最上治心,当下清净。才动即觉,觉之即无。苟未能然,则明理以遣之。又未能然,随事以禁之。发愿痛改,明须良朋提撕,幽须鬼神证明。一心忏悔,昼夜不懈,经一七二七以至一月二月三月,必有效验。或觉心神恬旷,或觉智慧顿开,或处冗沓而触念皆通,或遇冤仇而回嗔作喜,或梦吐黑物,或梦往圣先贤提携接引,或梦飞步太虚,或梦幡幢宝盖,种种胜事,皆过消罪灭之象也。然不得执此自高,画而不进。义理无穷,功行无穷。昔蘧伯玉行年五十而知四十九年之非。吾辈身为凡流,过恶猬集,而回思往事,常若不见。有过者心粗而眼翳也,是宜日日知非,日日改过。一日不知非,即一日安于自是。一日无过可改,即一日无步可进。天下聪明才俊不少,所以德不加修,业不加广,总由冒昧因循空过一生,不可不深思而自勉也。"

俨后亦成进士,终高要知县。知归子曰:"了凡既殁百有余年,而功过格盛传于世。世之欲善者,虑无不知效法了凡。然求如了凡之真诚恳至,由浅既深,未数数也。或疑了凡喜以祸福因果导人,为不知德本。予窃非之。《莲华经》曰:'先以欲钩牵,后令入佛智。'孟子于齐梁诸君,往往即好色好货好乐好台池鸟兽田猎游观,纳之归大道。谓非袁氏之旨耶?贤智立言因时,而制权各有至苦之心,又各有其生平得力之故,未必尽同。考了凡行事。其始盖亦因欣羡而生趋向者,乃其后遂若饥食渴饮之不可缺焉。何其诚也!后又得读其诫子文,敬其志,删其要而论之。乐善君子当有取焉!"汪大绅云:"带业修行中一个有力量人,为袁氏之学者。须识得佛氏十善、五戒、六度、万行,与道家太上感应,皆是圣人作《易》开物成务之旨,方不至堕落。不然饶你做到转轮王,一朝堕落,终为牛领中虱虫耳。"

(清·彭绍升《居士传》)

附录二

云谷先大师传

[明]释德清

师讳法会,别号云谷,嘉善胥山怀氏子。生于弘治庚申,幼志出世,投邑大云寺某公为师。初习瑜伽,师每思曰:"出家以生死大事为切,何以碌碌衣食计为?"年十九,即决志参方,寻登坛受具。闻天台小止观法门,专精修习。法舟济禅师,续径山之道,掩关于郡之天宁。师往参叩,呈其所修。舟曰:"止观之要,不依身心气息,内外脱然。子之所修,流于下乘,岂西来的意耶?学道必以悟心为主。"师悲仰请益,舟授以念佛审实话头,直令重下疑情。师依教日夜参究,寝食俱废。一日受食,食尽亦不自知,碗忽堕地,猛然有省,恍如梦觉。复请益舟,乃蒙印可。阅《宗镜录》,大悟唯心之旨。从此一切经教,及诸祖公案,了然如睹家中故物。于是韬晦丛林,陆沉贱役。一日阅《镡津集》,见明教大师护法深心,初礼观音大士,日夜称名十万声。师愿效其行,遂顶戴观音大士像,通宵不寐,礼拜经行,终身不懈。

时江南佛法禅道,绝然无闻。师初至金陵,寓天界毗卢阁下行道,见者称异。魏国先王闻之,乃请于西园丛桂庵供养,师住此入定三日夜。居无何,予先太师祖西林翁,掌僧录,兼报恩住持,往谒师,即请住本寺之三藏殿。师危坐一龛,绝无将迎,足不越阃者三年,人无知者。偶有权贵人游至,见师端坐,以为无礼,谩辱之。师拽杖之摄山栖霞。栖霞乃梁朝开山,武帝凿千佛岭,累朝赐供赡田地。道场荒废,殿堂为虎狼巢。师爱其幽深,遂诛茅于千佛岭下,影不出山。时有盗侵师,窃去所有,夜行至天明,尚不离庵。人获之,送至师。师食以饮食,尽与所有持去,由是闻者感化。太宰五台陆公,初仕为祠部主政,访古道场,偶游栖霞,见师气宇不凡,雅重之。信宿山中,欲重兴其寺,请师为住持。师坚辞,举嵩山善公以应命。善公尽复寺故业,斥豪民占据第宅,为方丈、建禅堂、开讲席、纳四来。江南丛林肇于此,师之力也。

道场既开,往来者众,师乃移居于山之最深处,曰"天开岩",吊影如初。一时宰官居士,因陆公开导,多知有禅道,闻师之风,往往造谒。凡参请者,一见,师即问曰:"日用事如何?"不论贵贱僧俗,入室必掷蒲团于地,令其端坐,返观自己本来面目,甚至终日竟夜无一语。临别必叮咛曰:"无空过日。"再见,必问别后用心功夫,难易若何。故荒唐者,茫无以应。以慈愈切而严益重,虽无门庭设施,见者望崖不寒而栗。然师一以等心相摄,从来接人软语低声,一味平怀,未尝有辞色。士大夫归依者日益众,即不能入山,有请见者,师以化导为心,亦就见。岁一往来城中,必主于回光寺。每至,则在家二众,归之如绕华座。师一视如幻化人,曾无一念分别心。故亲近者,如婴儿之傍慈母也。出城多主于普德,朣鹤悦公实禀其教。

先太师翁,每延入丈室,动经旬月。予童子时,即亲近执侍,辱师器之,训诲不倦。予年十九,有不欲出家意。师知之,问曰:"汝何背初心耶?"予曰:"第厌其俗耳。"师曰:"汝知厌俗,何不学高僧?古之高僧,天子不以臣礼待之,父母不以子礼畜之。天龙恭敬,不以为喜。当取《传灯录》《高僧传》读之,则知之矣。"予即简书笥,得《中峰广录》一部,持白师。师曰:"熟味此,即知僧之为贵也。"予由是决志薙染,实蒙师之开发,乃嘉靖甲子岁也。丙寅冬,师愍禅道绝响,乃集五十三人,结坐禅期于天界。师力拔予入众同参,指示向上一路,教以念佛审实话头,是时始知有宗门事。比南都诸刹,从禅道者四五人耳。

师垂老,悲心益切。虽最小沙弥,一以慈眼视之,遇之以礼,凡动静威仪,无不耳提面命,循循善诱,见者人人以为亲己。然护法心深,不轻初学,不慢毁戒。诸山僧多不律,凡有干法纪者,师一闻之,不待求而往救,必恳恳当事,佛法付嘱王臣为外护,惟在仰体佛心,辱僧即辱佛也。闻者莫不改容释然,必至解脱而后已,然竟罔闻于人者。故听者,亦未尝以多事为烦。久久,皆知出于无缘慈也。了凡袁公未第时,参师于山中,相对默坐三日夜,师示之以唯心立命之旨。公奉教事,详《省身录》。由是师道日益重。隆庆辛未,予辞师北游。师诫之曰:"古人行脚,单为求明己躬下事,尔当思他日将何以见父母师友,慎毋虚费草鞋钱也。"予涕泣礼别。

壬申春,嘉禾吏部尚书默泉吴公、刑部尚书澹泉郑公、平湖太仆五台陆公与弟云台,同请师故山。诸公时时入室问道,每见必炷香请益,执弟子礼。达观可禅师,常同尚书平泉陆公、中书思庵徐公,谒师扣《华严》宗旨。师为发挥四法界圆融之妙,皆叹未曾有。

师寻常示人,特揭唯心净土法门,生平任缘,未常树立门庭。诸山但有禅讲道场,必请坐方丈。至则举扬百丈规矩,务明先德典刑,不少假借。居恒安重寡言,出语如空谷音。定力摄持,住山清修,四十余年如一日,胁不至席。终身礼诵,未尝辍一夕。当江南禅道草昧之时,出入多口之地,始终无议之者,其操行可知已。

师居乡三载,所蒙化千万计。一夜,四乡之人,见师庵中大火发。及明趋视,师已寂然而逝矣,万历三年乙亥正月初五日也。师生于弘治庚申,世寿七十有五,僧腊五十。弟子真印等,茶毗葬于寺右。

予自离师,遍历诸方,所参知识,未见操履平实、真慈安详之若师者。每一兴想,师之音声色相,昭然心目。以感法乳之深,故至老而不能忘也。师之发迹入道因缘,盖常亲蒙开示。第末后一着,未知所归。前丁巳岁,东游,赴沈定凡居士斋。礼师塔于栖真,乃募建塔亭,置供赡田,少尽一念。见了凡先生铭未悉,乃概述见闻行履为之传,以示来者。师为中兴禅道之祖,惜机语失录,无以发扬秘妙耳。

释德清曰:达摩单传之道,五宗而下,至我明径山之后,狮弦将绝响矣。唯我大师,从法舟禅师,续如线之脉。虽未大建法幢,然当大法草昧之时,挺然力振其道,使人知有向上事。其于见地稳密,操履平实,动静不忘规矩,犹存百丈之典刑。遍阅诸方,纵有作者,无以越之。岂非一代人天师表欤! 清愧钝根下劣,不能克绍家声,有负明教。至若荷法之心,未敢忘于一息也。敬述师生平之概,后之观者,当有以见古人云。

(明·释德清《憨山老人梦游集》卷三十)

云谷会师传

[明]释明河

法会,云谷其号也。嘉善怀氏子。二十受具,修天台小止观。往郡之天宁,问所修何如于法舟济公。公曰:"夫学以悟心为主,止观之要,不离身心气息,何能脱然?子之所修,流于下乘矣。"因示以旨要,师力究之。一日受食,食尽而不知,碗忽堕地,猛然有省,恍如梦觉,公与印可。自是韬晦丛林,陆沉贱役。阅《镡津集》,见明教翁护法深心制行立愿,欲少似之。顶戴礼诵,至终夕不寐。入京,寓天界毗卢阁下,精进行道,尝入定数日不起。三年人无知者,复爱栖霞幽深,结庵于千佛岭下,始为陆五台公见知。时栖霞久废,陆公矢兴复之愿,请师住持。师举嵩山善公应命,移居山最深处。曰:"天开岩吊影如初。"一时宰官居士,因陆公开导,多造岩参,请师一见,即问日用事,无论贵贱僧俗。入室略无寒温,必展蒲团于地,令其端坐,返观其至,终日竟夜无一语。临别必叮咛曰:"人命无常,无空过日。"再见必问别后用心何如。故荒唐者,茫无以应,即欲见亦不敢近。以慈愈切而规益重,虽无门庭施设,使见者望崖,不寒而栗然。师一以等心相摄,从来接人,软语低声,一味平怀,未尝有辞色。时士大夫归依者,日益众。又不能入山,愿请见者,师以化导为心亦就见。岁一往来城中,至必主回光寺,每至则在家二众,归之如绕华座。师一视如幻化人,曾无一念分别心,故亲近者如婴儿之傍慈母也。出城多至普德。臞鹤悦公,实出其教。师悯禅道绝响,于嘉靖丙寅冬,乃集五十三人,结坐禅期于天界。学人请问直捷用心处。师曰:"举不顾即差互,拟思量何劫悟。"又曰:"古人道:终日吃饭,不嚼粒米。终日行路,不踏穿地。终日穿衣,不挂寸丝。如是用心,方有少分相应。"有宰官问:"如何是祖师意?"师曰:"有水皆含月,无山不带云。"曰:"莫更有奇特否?"师曰:"不得将龟作鳖。"师护法心深,不轻初学,不慢毁戒。僧有不律,亦不弃之,委曲引诱进于善。或有干法纪者,师闻不待求而往救,必恳恳当事。乃曰:"佛法付嘱王臣为外护,唯在仰体佛心。辱僧即辱佛也。"闻者莫不改容,释然必至解脱而后已,然竟罔闻于其人,听者亦未尝以多事为烦,久久皆知出于无缘慈也。了凡袁公未第时,参师于山中,对坐三昼夜不瞑目。师问曰:"公何无妄念。"公曰:"我推我命,无科第子嗣分,故安心委命,无他妄想耳。"师曰:"我将以公为豪杰,乃一凡夫耳。圣人云:命繇自作,福繇己求。造化岂能拘人耶?"于是委示以改过积德、唯心立命之旨,公依教奉行,竟登进士。有子嗣憨师,为小师时,侍师弥谨。一日请曰:"说者谓某甲寿不长,奈何?"师曰:"寿夭乃生死法,参禅乃了生死法。若一念不生,则鬼神觑不破,造化何能拘之耶?第患不明道眼耳。"憨师将北行。师诫之曰:"古人行脚,单为提明己躬下事,尔当思他日何以见父母师友,慎毋虚费草鞋钱也。"其善诱掖人类如此。岁壬申,嘉禾吏部尚书默泉吴公、刑部尚书澹泉郑公、太仆五台陆公与弟云台,同迎师归故山。诸公时时入室问道,每见必炷香请益,执弟子礼。紫柏师同平泉陆公、思庵徐公,谒师叩《华严》宗旨,师发挥法界圆融之妙,皆叹未曾有。当江南禅道草昧之时,出入多口之地,始终无一议之者,则师操行可知已。师居乡三年,所蒙化者千万计。一夕四乡之人见师庵中发火,及明视之,师已寂然而逝矣。时万历乙亥正月也。世寿七十五,僧腊五十余。葬于大云寺右。

(明·释明河《补续高僧传》卷十六)

重修云谷禅师塔记

[清]释正印

师讳法会,号云谷,嘉善胥山怀氏子。生于弘治庚申,出世投本邑大云寺落发。年十九,即决志操方受具,法舟济禅师住郡之天宁,师往参舟,授以念佛审实话头,令重下疑情。师日夜参究,一日受食,碗忽坠地,有省,复请益舟,乃蒙印可。阅《宗镜录》,大悟唯心之旨。从此,经教、公案了然,如睹家中故物。于是韬晦丛林,陆沉贱役。时江南佛法禅道绝,闻师至金陵,寓天界,魏国先王闻之,请于西园供养报恩,住持西林,僧录司即憨山和尚太祖。往礼师,即请住本寺之三藏殿,足不越阃者三年。师辞,拽杖之栖霞,诛茅千佛岭下,影不出山。太宰五台陆公偶游栖霞,见师气宇不凡,雅重之。信宿山中,欲师重兴其寺。师坚辞,举嵩善公住持,不久丛林大成,皆师之力也。道场既成,往来者众。一时宰官居士,闻师道风,往往造谒。西林僧录复请师主报恩,方丈憨祖时为童子,亲近执侍,师器之。憨翁年十九有不欲出家意,师知之,问曰:"汝何背初心也?"憨翁曰:"第厌其俗耳。"师曰:"汝知厌俗,何不学高僧?当取《传灯录》《高僧传》读之,则知之矣。"憨翁即简书笥,得《中峰广录》,持白师。师曰:"熟味此,即知僧之为贵也。"憨翁由是决志薙染。实蒙师之开发,乃嘉靖甲子岁也。丙寅冬,师集五十三人,结禅期于天界,师力拔憨翁,入众同参,指示向上,教以念佛审实话头。是时,南都始知有宗门事。了凡袁公未第时参师,相对默坐三日夜,师示以唯心立命之旨,公奉教,由是师道日益重。隆庆辛未,憨翁辞师北参,师嘱曰:"佛法在汝肩头,慎勿忽之。"憨翁礼别。壬申,嘉禾吏部尚书吴公、刑部尚书郑公、平湖五台陆公与弟云台同请故山,诸公常入室,问道请益,执弟子礼。达观可禅师常同尚书陆公、中书徐公,谒师扣《华严》宗旨,师为发挥四法界圆融之妙。师住山四十余年如一日，胁不至席，终身礼诵，未常辍一夕。师居乡三载，所蒙化千万计，一夜四乡之人见师庵中火发，及明趋视，师寂然而逝矣，万历三年乙亥正月初五日。师生于弘治庚申，世寿七十有五，僧腊五十有六。弟子真印等茶毗葬于栖真寺右。憨翁离师，遍参知识，未见操履平实、真慈安详之若师者。每兴想师之音声色相，昭然心目，以感法乳之深，故至老而不能忘也。前于丁巳岁，东游赴沈定凡居士斋，礼师塔于栖真，乃建塔院，置供赡田，少尽一念也。正印叨为憨翁法孙，昔亲近颛愚老人，老人常为印言："憨先师初参云谷大师，深蒙开发，向上一着，故至老常不忘也。子当知之。"印闻有三十载，在识田中不去。甲寅年，至嘉禾，寓天宁，刻老人语录，入楞严藏板。今丙辰七月初二，工竣，携一二子，往栖真礼师塔前，九顿起立，师塔忽倒，印疑之，师逝于明之万历三年，至今大清有一百零二年，可为久矣！何缘印至而塔倒？想法脉之有系，又或是师弟子、前师之弟子名真印，今印名正印，是荷愿而来，为师重修塔事，未可知也。印读了凡袁公作师塔铭，未详师嗣。临济下断桥一枝，故憨翁作师传，刻于全集，行世久矣，亦以传中有系于法道处，一一录之，刻之于石，以传后世。知古人操履真实由来也，是为记。

时皇清康熙十五年八月中秋前五日同安后学正印立石。

（清·性圆等编《楞严法玺印禅师语录》）

云谷法会禅师传

嘉兴胥山云谷法会禅师，本郡嘉善怀氏子，九岁芟染，于大云寺出家，习瑜伽教。年十七，潜投天宁。时法舟济禅师方闭关，屡策发之。一日问师曰："《圆觉经》云四大分离，今者妄身当在何处？"师闻之猛省，却立巷侧，至四更不动。济呼与语，未契。未几，被本寺追回锁禁。越二年复出，至阳羡见古林，教参一归何处，续入吉庵会下。庵问曰："汝参话头时中,丝毫无不间否?"师曰:"不能。"曰:"如此却是虚播光阴。"师曰:"杂念渐消,本念渐熟,或非虚度。"庵曰:"有消有长,尽属代谢,非究竟法。"汰如何法师《补续高僧传》云:师年二十受具,修天台小止观。往郡之天宁,问所修何时于法舟济公?公曰:"夫学以悟心为主。止观之要,不离身心气息,何能脱然?子之所修,流于下乘矣。"因示以旨要,师力究之。一日受食,食尽而不知,碗忽堕地,猛然有省,恍如梦觉,公与印可。

师游留都,止天界毗卢阁。闭关时,觉胸中有月照寒潭之状。越三载,报恩诸老,迎于三藏殿。朝盂暮榻,萧然适也,自谓足矣。偶有道者,被褐访之。师因呈所见,道者诃曰:"脱得见尽,一切皆是平常。汝所得,自以为极玄极妙,不知皆是鬼窟中作活计。"师拟进语,者厉声喝曰:"汝道平常是甚么?玄妙是甚么?"不告姓名,拂衣而去,师因大省。二十年所得,消释都尽。又三年,北游燕,与遍融白云相切磋。回南都,五台陆公等,送住栖霞。结庵于天开岩。

大洲赵公至栖霞,听法师讲《楞严》,自谓洞悉关窍。及入庵见师,恍然丧其所得。问曰:"师熟《楞严》耶?"师曰:"不会。"赵叹曰:"真《楞严》矣!"

念庵罗公、荆川唐公慕谒,罗问曰:"如何是祖师西来意?"师曰:"我者里无此货。"临别语罗曰:"性海非遥,法流常注。才有拟议,便隔万山。"荆川踊跃称快。师曰:"公勿便快活,兹事取不得,舍不得。若谓面前皆是,即执妄为真。若欲向上寻求,又是拨波觅水。"唐拜之曰:"不至栖霞,几虚此生。"

复游吴,了凡袁公访师。师示以宗旨,袁闻之洒然。《补续高僧传》云:了凡袁公未第时,参师于山中,对坐之昼夜不瞑目。师问曰:"公何无妄念?"公曰:"我推我命,无科第子嗣分,故安心委命,无他妄想耳。"师曰:"我将以公为豪杰,乃一凡夫耳。圣人云命由自作,福由己求,造化岂能拘人耶?"乃委示以改过积德唯心立命之旨。公依教奉行,竟登进士,有子嗣焉。

师复游金台,旋归栖霞,乡僧多潜奔之。袁复访师,师问:"汝来作么?"曰:"专求佛。"师曰:"丹霞云:佛之一字,吾不喜闻。有所驰求,尽属妄想。"袁曰:"我本是佛,求即无求。"师摇首曰:"未在。"袁曰:"长安无别路。"曰:"然则任汝胡行?"曰:"终不向师觅路。"师曰:"究竟如何?"曰:"栖霞岭上草青青。"师休去。

明年,了凡邀师归嘉善之大云,建立禅庑。禅道为之中兴。憨山清禅师为沙弥时,侍师弥谨。一日请曰:"说者为某甲寿不长,奈何?"师曰:"寿夭乃生死法,参禅乃了生死法。若一念不生,则思神觑不破,造化何能拘之耶?第患不明道眼耳!"清将北行,师言诫之曰:"古人行脚,单为提明己躬下事。尔当思他日何以见父母师友,即慎毋虚费草鞋钱也!"达观可禅师参方时,同平泉陆公、思庵徐公谒师,叩《华严》宗旨。师发挥法界圆融之妙,皆叹未曾有。禅道草昧,于时复有起色。

僧问:"如何是祖师意?"师曰:"有水皆含月,无山不起云。"曰:"莫更有奇特否?"师曰:"不得将龟作鳖。"

万历戊辰冬,主三陈庵禅会。乙亥正月三日,起行香,遍阅僧房,告众曰:"此地清净,吾可观化。"明日遂端坐而逝。世寿七十五。塔于大云之右。

(清·聂先编《续指月录》卷十五)

附录三

自知录

[明]释袾宏

序

予少时见《太微仙君功过格》而大悦,旋梓以施。已而出俗行脚,匍匐于参请。暨归隐深谷,方事禅思,遂无暇及此。今老矣,复得诸乱帙中,悦犹故也。乃稍为删定,更增其未备,而重梓焉。昔仙君谓:"凡人宜置籍卧榻,每向晦入息,书其一日功过。积日而月,积月而年,或以功准过,或以过准功,多寡相雠,自知罪福,不必问乎休咎。"至矣哉言乎!先民有云:"人苦不自知。"唯知其恶,则惧而戢。知其善,则喜而益自勉。不知,则任情肆志,沦胥于禽兽,而亦莫觉其禽兽也。兹运心举笔,灵台难欺。邪正淑慝,炯乎若明镜之鉴形。不师而严,不友而诤,不赏罚而劝惩,不蓍龟而趋避,不天堂地狱而升沉。驯而致之,其于道也何有!因易其名,曰《自知录》。

是录也,下士得之,行且大笑,莫之能视,奚望其能书?中士得之,必勤而书之。上士得之,但自诸恶不作,众善奉行,书可也,不书可也。何以故?善本当行,非徼福故。恶本不当作,非畏罪故。终日止恶,终日修善。外不见善恶相,内不见能止能修之心。福且不受,罪亦性空,则书将安用?矧二部童子、六斋诸天,并世所称台彭司命、日游夜游、予司夺司、元会节腊等,昭布森列,前我、后我、左右我,明目而瞩我。政使我不书,彼之书固以密茧丝而析秋毫矣。虽然,天下不皆上士。即皆上士,其自知而不书,不失为君子。不自知而不书,非冥顽不灵,则刚愎自用云尔。人间顾可无是录乎?

是故在儒为四端百行,在释为六度万行,在道为三千功八百行,皆积善之说也。彼罢缘灰念之辈,以自为则无论矣。如藉口乎善恶都莫思量,见有勤而书之者,漫呵曰:恶用是矻矻尔烦心为?则其失非细。嗟乎!世人夏畦于五欲之场,疲神殚思,终其身不惮烦,而独烦于就寝之俄顷,不一整其心虑,亦惑矣。昼勤三省,夜必告天,乃至黑豆白豆,贤智者所不废也。书之庸何伤?

时万历三十二年岁次甲辰清明日沙门袾宏识。

善　门

忠孝类

事父母致敬尽养,一日为一善。守义方之训,不违犯者,一事为一善。父母殁,如法资荐,所费百钱为一善。劝化父母以世间善道,一事为十善。劝化父母以出世间大道,一事为二十善。　〖解〗凡言百钱,谓铜钱百文,正准银十分,不论钱贵钱贱。

事继母致敬尽养,一日为二善。敬养祖父母同论。

事君王竭忠效力,一日为一善。开陈善道,利益一人为一善,利益一方为十善,利益天下为五十善,利益天下后世为百善。遵时王之制,不违犯者,一事为一善。凡事真实不欺,一事为一善。

敬奉师长,一日为一善。守师良诲,一言为一善。

敬兄爱弟,一事为一善。敬爱异父母兄弟,一事为二善。

仁慈类

救重疾一人为十善,轻疾一人为五善。施药一服为一善。路遇病人,舁归调养,一人为二十善。若受贿者非善。　〖解〗受贿,谓得彼人金帛酬谢。

救死刑一人为百善,免死刑一人为八十善,减死刑一人为四十善。

若受贿徇情者非善。救军刑、徒刑一人为四十善；免，为三十善；减，为十五善。救杖刑一人为十五善；免，为十善；减，为五善。救笞刑一人为五善；免，为四善；减，为三善。以上受贿者非善，偏断不公者非善。居家减免婢仆之属同论。　　【解】救，谓非自己主事，用力扶救是也。免，谓由自己主事，特与恕免是也。偏断者，谓非据理详审，唯任意偏断，反释真犯是也。

见溺儿者，救免收养，一命为五十善。劝彼人勿溺，一命为三十善。收养无主遗弃婴孩，一命为二十五善。

不杀降卒，不戮胁从，所活一人为五十善。

救有力报人之畜，一命为二十善。救无力报人之畜，一命为十善。救微畜，一命为一善。救极微畜，十命为一善。若故谓微命善多，专救微命，不救大命者非善。若不吝重价而救大命，与救多多极微命同论。

【解】有力报人，如耕牛、乘马、家犬等。无力报人，如猪、羊、鹅、鸭、獐、鹿等。微命，如鱼、雀等。极微，如细鱼、虾、螺，乃至蝇、蚁、蚊、虻等。救者，或买放，或禁绝，或劝止，是也。专救微命，不救大命，是唯贪己福，无慈物心，故非善。

救害物之畜，一命为一善。　　【解】害物，如蛇、鼠等。蛇未咬人，无可杀罪故。鼠虽为害，罪不至死故。

祭祀、筵宴，例当杀生，不杀而市买现物，所费百钱为一善。世业看蚕，禁不看者为五善。

见渔人、猎人、屠人等，好语劝其改业，为三善。化转一人，为五十善。

居官禁止屠杀，一日为十善。

家犬、耕牛、乘马等，死而埋葬之，大命一命为十善，小命一命为五善。复资荐之，一命为五善。

赈济鳏、寡、孤、独、瘫、瞽穷民，百钱为一善。零施积至百钱为一善。米、麦、布、帛之类，同上计钱数论。周给宗族中人同论。周给患难中人同论。如上穷民收归养膳者，一日为一善。

见人有忧，善为解慰，为一善。

荒年平价粜米，所让百钱为一善。

济饥人一食为一善，渴人十饮为一善。济寒冻人暖室一宵为一善，棉衣一件为二善。夜暗施灯明,一人为一善。天雨施雨具,一人为一善。

施禽畜二食为一善。

饶免债负,百钱为一善。利多年久,彼人哀求,度其难取而饶免者,二百钱为一善。告官,官不为理,不得已而饶免者非善。

救接人畜助力疲困之苦,一时为一善。　　【解】救接者,谓或停役、或代劳是也。

死不能殓,施与棺木,所费百钱为一善。

葬无主之骨,一人为一善。施地与无坟墓家,葬一人为三十善。若令办租税者非善。置义冢,所费百钱为一善。

平治道路险阻泥淖,所费百钱为一善。开掘义井,修建凉亭,造桥梁、渡船等,俱同论。若受贿者非善。

居上官,慈抚卑职,一人为一善。有过,情可矜,保全其职为十善。若受贿者非善。凡在上不凌虐下人者同论。

视民如子,唯恐伤之,一事为一善。

善遣妾婢,一人为十善。资发所费,百钱为一善。白还人卖出男女,不取其赎者,原银百钱为一善。出财赎男女还人者同论。

三宝功德类

造三宝尊像,所费百钱为一善。诸天、先圣、治世正神、贤人君子等像,所费二百钱为一善。重修者同论。　　【解】诸天,谓欲、色、无色三界梵王、帝释等,及道教天尊、真人、神君等。先圣,谓尧、舜、周、孔等。正神,谓岳渎、城隍等。贤人君子,谓忠臣、孝子、义夫、节妇等。

刊刻大乘经律论,所费百钱为一善。二乘及人天因果,所费二百钱为一善。若受贿者非善。印施流通者同论。　　【解】贿,谓取价货卖等。人天,谓佛菩萨所说五戒十善,及世间正法,《六经》《论》《孟》、先圣先贤嘉言善行等。

建立三宝寺院庵观,及床座、供器等,所费百钱为一善。施地与三宝,所值百钱为一善。护持常住,不使废坏者同论。建立诸天、正神、圣贤等庙宇,所费二百钱为一善。用荤血祭祀者非善。

施香烛、灯油等物供三宝,所费百钱为一善。

受菩萨大戒为四十善,小乘戒为三十善,十戒为二十善,五戒为十善。

注释正法大乘经律论,一卷为五十善。卷数虽多,止千五百善。二乘及人天因果,一卷为一善。卷多,止三百善。若僻任臆见者非善。

自己著述、编辑出世正法文字,一卷为二十五善。卷多,止五百善。人天因果,一卷为十善。卷多,止百善。若谈说无益者非善。

见伪造经,劝人莫学者为一善。

为君王、父母、亲友、知识、法界众生,诵经一卷为二善,佛号千声为二善,礼忏百拜为二善。若受贿者非善。为自己,经一卷、佛千声、忏百拜俱一善。

为君、父,乃至法界众生,施食一坛,所费百钱为一善。登坛施法者,一度为三善。若受贿者非善。为世灾难,作保禳道场,所费百钱为一善。若受贿者非善。

讲演大乘经律论,在席五人为一善。人数虽多,止百善。二乘及人天因果,在席十人为一善。人多,止八十善。若受贿者非善。图名者非善。讲演虚玄外道,无益于人者非善。

礼拜大乘经典,五十拜为一善。

讲演正法处,至心往听,一席为一善。

饭僧,因其来乞而与者,三僧为一善。延请至家者,二僧为一善。送供到寺者,一僧为一善。若尽诚尽敬者,一僧为五善。再三苦求而后与者非善。

饭僧不拒乞人,平等与食者,二人为一善。

护持僧众,一人为一善。所护匪人者非善。

度大德贤弟子,一人为五十善。明义守行弟子,一人为十善。但明义、但守行弟子,一人为五善。若泛滥度者非善。 【解】大德贤弟子,谓能续佛慧命,普利人天者是也。但者,明义、守行各止得其一也。

杂善类

不义之财不取,所值百钱为一善。无害于义,可取而不取,百钱为二善。处极贫地而不取,百钱为三善。

当欲染境,守正不染,为五十善。势不能就而止者非善。

借人财物,如期而还,不过时日者为一善。

代人完纳债负,百钱为一善。

让地让产,所值百钱为一善。

义方训诲子孙,一事为一善。大家禁约家人、门客者同论。

劝人出财作种种功德者,所出百钱为一善。图名利而募化者非善。

劝人息讼,免死刑一人为十善,军刑、徒刑一人为五善,杖刑一人为二善,笞刑一人为一善。劝和斗争为一善。若受贿者非善。

发至德之言,一言为十善。 【解】如宋景公三语、杨伯起"四知"之类是也。

见善必行,一事为一善。知过必改,一事为一善。

论辩虚心下贤,理长则受者,一义为一善。

举用贤良,一人为十善。驱逐奸邪,一人为十善。扬人善,一事为一善。隐人恶,一事为一善。见传播人恶者,劝而止之为五善。

于诸贤善恭敬供养,一人为五善。见人侵毁贤善,劝而止之为五善。

劝化人改恶从善,一人为十善。

成就一人家业为十善,成就一人学业为二十善,成就一人德业为三十善。

许友,义不负然诺为十善;义不负身命为百善;义不负财物寄托,百钱为一善。 【解】然诺,如挂剑树上之类。身命,如存孤死节之类。财物,如还金幼子之类。

有恩必报,一事为一善。报恩过分为十善。有仇不报,一事为一善。若怀公道报私恩者非善。

着破补衣一件为二善,粗布衣一件为一善。若原无好衣而着者非善。矫情干誉者非善。

　　肉食人减省食,一食为一善。素食人减省食,一食为二善。若无力办好食而减者非善。

　　肉食人,见杀不食为一善,闻杀不食为一善,为己杀不食为一善。

　　忍受人横逆相加,一事为一善。

　　拾遗还主,所值百钱为一善。

　　引过归己,推善与人,一事为二善。

　　名位、财利等,安分听天,不贪缘营谋者,一事为十善。

　　处众,常思为众,不为己者,所处之地,一日为一善。

　　宁失己财,宁失己位,使他人得财得位者,为五十善。

　　遇失利及诸患难,不怨天尤人而顺受者,一事为三善。

　　祈福禳灾等,但许善愿,不许牲祀者为五善。

　　传人保养身命书,一卷为五善。救病药方,五方为一善。若受贿者非善。无验妄传者非善。

　　拾路遗字纸火化,百字为一善。

　　有财有势,可使不使,而顺理安分者,一事为十善。

　　权势可附而不附者为十善。

　　人授炉火丹术,辞不受者为三十善。人授已成丹银,弃不行使者,所值百钱为三善。

补遗

　　凡救人一命为百善。

过　门

不忠孝类

事父母失敬失养,一事为一过。违犯义方之训,一事为一过。父母责怒,生瞋者为一过,抵触者为十过。父母所爱,故薄之,一事为一过。父母没后,应资荐不资荐,一度为十过。父母有失,不能善巧劝化,一事为一过。

不敬养祖父母、继母,一事为一过。

事君王不竭忠尽力,一事为一过。当直言不直言,小事为一过,大事为十过,极大事为五十过。违犯时王之制,一事为一过。虚言欺罔,一事为一过。

不敬奉师长,一日为一过。不依师良诲,一言为一过。反背为三十过。若师不贤而舍之者非过。　【解】反背,如陈相学许行之类。不贤而舍,如目连离外道师之类。

兄弟相仇者,一事为二过。欺凌异母所出及庶出者,一事为三过。

不仁慈类

重疾求救不救,一人为二过。小疾一人为一过。无财无术而不救者非过。

修合毒药为五过,欲害人为十过,害人一命为百过,不死而病为五十过。害禽畜一命为十过,不死而病为五过。

咒祷厌诅,害人一命为百过,不死而病为五十过。

错断人死刑成,为八十过;故入为百过。错断人军刑、徒刑成,为三十过;故入为四十过。错断人杖刑成,为八过;故入为十过。错断人笞刑成,为四过;故入为五过。私家治责婢仆之属者同论。　【解】错,谓无心。故,谓有心。

非法用刑,一用为十过。无罪笞人,一下为一过。

谋人死刑成,为百过;不成为五十过;举意为十过。军刑、徒刑成,为四十过;不成为二十过;举意为八过。杖刑成,为十过;不成为八过;举意为五过。笞刑成,为五过;不成为四过;举意为三过。

父母溺初生子女,一命为五十过。堕胎为二十过。　〖解〗上帝垂训:"父母无罪杀儿,是杀天下人民也。"故成重过。

杀降、屠城,一命为百过。以平民作俘虏者,一人为五十过,致死为百过。

主事明知冤枉,或拘忌权势,或执守旧案,不与伸雪者,死刑成为八十过,军刑、徒刑为三十过,杖刑为八过,笞刑成为四过。若受贿者,死刑为百过。以下俱同前论。诸枉法断事,随轻重,亦同前论。

心中暗举恶意,欲损害人,一人为一过。事成,一人为十过。

故杀伤人,一命为百过。伤而不死,为八十过。使人杀者同论。

故杀有力报人之畜,一命为二十过,误杀为五过。故杀无力报人之畜,一命为十过,误杀为二过。故杀微畜,一命为一过,误杀十命为一过。故杀极微畜,十命为一过,误杀二十命为一过。使人杀者同论,赞助他人杀者同论,逐日饮食杀者同论,畜养卖与人杀者同论,妄谈祸福祭祷鬼神杀者同论,修合药饵杀者同论。看蚕者,与畜养杀同论。

故杀害人之畜,一命为一过。误杀十命为一过。

见杀不救,随上所开过减半。无门可救者非过。不可救而不生慈念为二过。　〖解〗减半者,如杀有力报人之畜二十过,今十过是也。下以次减同上。

耕牛、乘马、家犬等,老病死而卖其肉者,大命为十过,小命为五过。

时当禁屠,故杀者,随上所开过加一倍。私买者同论。居上位反为民开杀端者同论。　〖解〗加一倍,如杀有力报人之畜二十过,今四十过是也。下以次增同上。

非法烹炮生物,使受极苦者,一命为二十过。　〖解〗如活烹鳖蟹、火逼羊羔之类是也。

放鹰、走狗、钓鱼、射鸟等,伤而不死,一物为五过。致死,与前故杀诸畜同论。发蛰、惊栖、填穴、覆巢、破卵、伤胎者同论。发蛰等,因作善事误伤,非过。〖解〗作善误伤,如修桥、砌路、建寺、造塔,种种善事,本出好心,故不为过。然须忏悔资荐。

笼系禽畜,一日为一过。

见人畜死,不起慈心,为一过。

见鳏、寡、孤、独穷民,饥渴寒冻等不救济,一人为一过。无财者非过。

欺弄损害瞽人、聋人、病人、愚人、老人、小儿者,一人为十过。

见人有忧,不行解释为一过,反生畅快为二过,更增其忧为五过。见人失利失名,心生欢喜,为二过。见人富贵,愿他贫贱,为五过。

荒年囤米不发,坐索高价者,为五十过。遏籴者亦同此论。

逼取贫民债负,使受鞭扑罪名,为五过。借人财物不还,百钱为一过。

役使人畜,至力竭疲乏,不矜其苦而强役者,一时为十过。加之鞭笞者,一杖为一过。

放火烧人庐舍、山林,为五十过。因而害人,一命为五十过。害畜,如前杀畜同论。本意欲害人命者,一命为百过。

掘人冢,弃其骨殖者,一冢为五十过。平人冢,一冢为十过。太古无骨殖者非过。

倚势白占人田地、房屋等,所值百钱为十过。贱价强买,百钱为一过。

损坏道路,使人畜艰于行履,一日为五过。损坏义井、凉亭、桥梁、渡船等俱同论。

居上官,轻坏卑职前程,一人为三十过。枉法坏之者,为五十过。凡居上凌虐下人者同论。

幽系婢妾,一人为一过。谋人妻女,一人为五十过。

三宝罪业类

废坏三宝尊像,所值百钱为二过。废坏诸天、治世正神、贤人君子等像,所值百钱为一过。荤血邪神惑世者非过。

以言谤斥佛、菩萨、罗汉,一言为五过。谤斥诸天、正神、圣贤,一言为一过。斥邪救迷,出于真诚者非过。

礼佛失时为一过。因病、因正事非过。荤辛、酒肉、触欲,失时为五过。六斋日犯者加一倍论。

毁坏三宝殿堂、床座、诸供器等,所值百钱为一过。诱他人使之毁坏者同论。见毁坏不谏劝为五过,反助成为十过。诸天、正神、圣贤等庙宇,所值二百钱为一过。荤血淫祠惑世者非过。 〖解〗诱,谓他本无心,我教彼为之。助,谓他先欲毁,我从旁赞之。

占三宝地,所值百钱为一过。占屋宇者同论。

新立荤血祭祀神祠,一所为五十过,神像一躯为十过。重修者,祠、像各减半论。 〖解〗新立,谓非古原有,特地创造。

毁坏出世正法经典,所值百钱为二过。二乘、人天因果,所值百钱为一过。

谤讪出世正法经典,一言为十过。人天因果,一言为五过。

吝法不教为十过,因彼不足教者非过。阻隔善法不使流通为十过。属邪见谬说者非过。虽属善法,时当韬晦,顺时休止者非过。

诵经差一字为一过,漏一字为一过。心中杂想为五过,想恶事为十过。外语杂事为五过,语善事为一过。起身迎待宾客为二过,王臣来者非过。不依式苟且诵为五过。诵时发瞋为十过,骂人为二十过,打人为三十过。写疏差漏者同论。

以外道邪法授弟子者,一人为二十过。

著撰伪经一卷为十过。

讲演邪法惑众,在席一人为一过。往彼听受,一席为一过。

讲演正法,任己僻见,违经旨、背先贤者,在席五人为一过。

著撰脂粉词章、传记等,一篇为一过。传布一人为二过。自己记诵一篇为一过。 〖解〗一篇,谓诗一首、文一段、戏一出之类。

传人厌魅、堕胎、种种恶方,一方为二十过。

僧人乞食不与,一人为一过。非僧人乞食不与,二人为一过。无而不与者非过。不与而反加叱辱者为三过。僧不饭僧而拒绝者,一僧为二过。 〖解〗上谓俗不斋僧,其过犹轻。下谓僧不斋僧,其过尤重。

畜养恶弟子不遣去者,一人为五十过。弟子有过不训诲,小事一事为一过,大事一事为十过。

杂不善类

取不义之财,所值百钱为一过。处大富地而取者,百钱为二过。

欲染极亲为五十过,良家为十过,娼家为二过,尼僧、节妇为五十过。见良家美色,起心私之为二过。 〖解〗此为在俗者。若出家僧,不论亲疏良贱,但犯俱五十过,起心私之俱二过。

盗取财物,百钱为一过。零盗积至百钱为一过。瞒官偷税者同论。威取、诈取,百钱为十过。

主事受贿而擢人官、出人罪,百钱为一过。受贿而坏人官、入人罪,百钱为十过。

借人财物不还,百钱为一过。负他债,愿他身死,为十过。

斗秤等小出大入,所值百钱为一过。

见贤不举为五过,反挤之为十过。见恶不去为五过,反助之为十过。隐人善,一事为一过。扬人恶,一事为一过。有言责而举恶者非过,为除害救人而举恶者非过。

刻意搜求先贤之短,创为新说者,一言为一过。于理乖违者,一言为十过。做造野史、小说、戏文、歌曲,诬污善良者,一事为二十过。不审实,传播人隐私,及闺帏中事者,一事为十过。全无而妄自捏成者,为五十过。递送揭帖,发人恶迹,半实半虚者为二十过,全虚者为五十过。言言皆实,而出自公心,为民除害者非过。

募缘营修诸福事,而盗用所施入己者,百钱为一过。三宝物,十钱为一过。因果差移,百钱为一过。

赞助人词讼,死刑成,为三十过;军刑、徒刑成,为二十过;杖刑成,为十过;笞刑成,为五过。赞助人斗争为一过。若教唆取利,死刑成,为百过;军刑、徒刑成,为三十过;笞刑为十五过。离间人骨肉者为三十过。破人婚姻为五过,理不应婚者非过。

出损德之言,一言为十过。　【解】如金陵"三不足"、曹孟德"宁我负人,毋人负我"之类是也。

虚诳妄语,一事为一过。因而害人为十过。

见善不行,一事为一过。有过不改,一事为一过。过不认过,反争为是,对平交为二过,对父母师长为十过。

论辩偏执己见,不服善者,一义为一过。

不教诲子孙,任其为不善者,一事为一过。容纵家人、门客者同论。

大贤不师为五过。胜友不交为二过。反加谤毁欺侮为十过。

恶语向所尊为十过,向平交为四过,向卑幼为一过,向圣人为百过,向贤人君子为十过。

教人为不善,一事为二过。教人不忠不孝等大恶者,一事为五十过。见人为不善,不谏劝者为一过,大事为三十过。知彼人刚愎决不受谏者非过。

造人歌谣、取人插号者,一人为五过。

妄语不实,一言为一过。自云证圣,诳惑世人者,一言为五十过。

许友负信,小事为一过,大事为十过。负财物寄托者,百钱为一过。

有恩不报,一事为一过。有冤必报,一事为一过。报冤过分为十过,致死为百过。于所冤人,欲其丧灭,为一过。闻冤灭已,心生欢喜,为一过。

肉食,一食为一过。违禁物,若龟鳖之类,一食为二过。有义物,若耕牛、乘马、家犬之类,一食为三过。　【解】以上谓市买者。若自杀食,在前故杀中论。

饮酒,为评议恶事饮,一升为六过。与不良人饮,一升为二过。无故与常人饮,为一过。奉养父母、延待正宾者非过。煎送药饵者非过。

开酒肆招人饮,一人为一过。

五辛,无故食,一食为一过。治病服者非过。食后诵经,一卷为一过。

六斋日食肉,一食为二过。食而上殿为一过。饮酒、啖五辛者同论。

过分美衣,一衣为一过。美食,一食为一过。唯奉养父母非过。〖解〗过分者,谓富贵人分应受福,然于本等享用外,过为奢侈是也。唯除父母,不曰祀神、宴宾者,《周易》"二簋可享",茅容蔬食非薄是也。

斋素人,必求美衣美食,一衣为一过,一食为一过。〖解〗谓既知斋素,自合惜福。虽是布衣,必求精好,虽是菜食,必求甘美,亦折福故。

轻贱五谷天物,所值百钱为一过。

贩卖屠刀、渔网等物,所费值百钱为一过。

拾遗不还主,所值百钱为一过。

有功归己,有罪引人,一事为二过。

名位财利,贪缘营谋而求必得,不顾非义者,一事为十过。

处众唯知为己,不为众者,所处之地,一日为一过。

宁他人失财失位,而唯保全己之财位者,为五十过。

遇失利及诸患难,动辄怨天尤人者,一事为三过。

祈福禳灾等,不修善事,而许牲牢恶愿者为十过。所杀生命,与杀畜同论。〖解〗十过者,但许愿时,心已不良故。至后酬愿宰杀时,另与杀畜同论。

救病药方,不肯传人者,五方为一过。未验恐误人者非过。

遗弃字纸不顾者,十字为一过。

离父母出家,更拜他人作干父母者,为五十过。

人授炉火丹术,受之为三十过。行使丹银,所值百钱为三过。实成真金,煎烧百度不变者非过。

补遗

无故殿上行、塔上登者,为五过。殿塔上荤酒污秽者为十过。〖解〗故,谓烧香、扫地、讽经等。

受贿嘱托擢官、出罪等,五百钱为一过。受贿嘱托坏官、入罪等,五百钱为十过。

迪吉录格
[明]颜茂猷

功过格甚精微,男女贫富,皆可行之。且修事修意,直接上根。受此格者,每日自记功过历日上,一功记⊖,十功记⊕,百功记⊗。一过×,十过※,百过፠。将功补过,算所余者为定。朔望焚香告天,至满善愿而回向之。勤修不已,积至百⊗,圣贤可成,神明钦敬,无福不臻,有愿必得。

前辈范文正、苏眉山、张魏公俱受此格,敬信奉行。余尊人得此于会稽陶家,藏室夜光,宝而行之。尝梦此格,化为金字,遂生宏。又梦此格化为银字,生弟寀。惟贱兄弟深惧不类,朝夕虔奉,特用公之同志云。铅山费宏记。

袁了凡云:"余遇云谷禅师,言命由我造,自求多福。因授《功过格》一册,使忏悔行善,忍辱治心。且云:'依此修者,成真几百人,富贵几千家矣。天堂地狱,照此秤量,毫厘不爽。'余信受奉教,应若桴鼓,盖心诚而愿坚也。此格主张教化,转祸为福若神,观者宜共宝之。因刊行并注一二云。"

一日中,有十余功可修,积至半月,纯心不倦,则于本等功外,另加计十功,贵纯善也。须见精进为妙。中间有一二日、一二事不合格,则半月不得另记功。

一日十功,半月又得增记,则一月可三百二十功。又有一事而为十功、百功者,是一年可五六千功也。积之甚易,然须严自刻责,微过必录,不得详功恕过也。所积功皆日用常行,不用钱财,故贫人妇人,俱可行之。劝亲善以一大事为十功,劝外人只当一功者,重亲善也。且化外人易,化至亲难。凡大悖恶逆、偷盗败伦,及妇人横淫撒泼,虐杀异生,妒忌绝嗣,俱罪重恶极,不在过限。格内俱家居常事,凡大忠大孝、大节大义,及居官重惠及民,一行可当万善者,亦不在功限。

孝顺格

以化亲于道为第一。非生母能孝,功德尤倍。

一日间,事父母公姑,服劳承欢,亲常喜悦,为一功。赞成亲善,解怒舒忧,各一事为一功。劳而怨,骄而惰,致亲怒,为一过。

孝顺十五日,精进不倦,为十功。劝亲改过迁善,一大事十功。为利欺亲,忤逆争竞,教善不从,十过。化亲行仁成德,百功。亲伦理有睽,劝化之至和乐,则一事为百功。阻亲善,唆亲恶,百过。久淹亲柩,百过。

和睦格

以化妇女友爱行善为第一。妇女能自和好行善,功德尤倍。

一日间,兄弟、夫妻、妯娌、姑妗相爱,任劳推逸,一功。赞成善事,一事一功。不和悦,为一过。其十功、百功同孝顺之例。

十功同孝顺之例争竞谗谤、顺妻子、废孝悌,一事为十过。

百功亦同孝顺例阻善赞恶,终身不睦。丈夫私宠弃妻,妻凌制夫,俱百过。

慈教格

自幼教使交游善人为第一。非所生者能之,功尤倍。

每日训子孙甥侄,仁慈一体,不恕不纵,一功。有大事教道见从,则一事为一功。纵恶各占己子,俱一过。

慈教十五日不倦,且子孙长进,十功。求得贤师友化以善,十功。酷虐教打、骂人、占便宜,或赞成其恶,为十过。

化成至德,各一人为百功。酷虐非己生,纵子孙成恶习惯,百过。

宽下格

正身以教为第一。妇能容爱妾,功尤倍。

一日间,宽婢仆,和侍妾,体悉艰苦,一功。可怒不怒,又善教之,一功。咒骂冤打,饥寒不恤,一过。

宽教十五日不倦,十功。同室养仆,一体训化见从,则一事十功。酷刑虐使,纵不礼于尊长,占婢仆、怨尊长,十过。

化至忠信慈仁,可仗以救济,各一人百功。妒虐侍妾,锢奴婢,不嫁娶,残其肢体,百过。奸淫奴婢,百过。

劝化格

不言之化及求贤为第一。化豪杰权贵,功尤倍。

一日皆隐恶扬善,常说果报,求劝化,一功。劝人善见从,每事一功。扬过恶,讦阴私,好谈淫赌佳趣,一过。

劝化十五日不倦,机权愈妙,十功。得一善人,同心共化,十功。善书易化人者,荐之十家共习,十功。赞恶唆讼,诬善人,演淫戏,变是非,俱十过。

化一人至仁孝,化人伦理亲戚间和好,俱百功。得十善人,同心广化,刊施极妙善书,俱百功。唆人亲戚争讼,刻淫书,诱荡子,俱百过。

救济格

以救未然及仁术救众为第一。善医善泅,富商远游,皆可救人。

一日间遇物辄救,求借不吝,医药急赴,一功。济饥寒乏绝,则一事一功。能济贫苦,不济杀虫虐畜,妇人私施僧道,一过。

十五日汲汲救放大命一,走兽,及大禽鱼,如无可放,多放中小命折之。中命百小鱼鸟,小命千虫虾螺属,全此为十功。放赈当厄,扶持危病,俱十功。教渔猎,倡杀生,疑病妄药,十过。

救饿死,拯溺、缢、服毒,劝养小孩,设法收救弃儿,倡修紧要桥梁险道,俱百功。溺杀子女,百过。劝化十家,可补过。私烹牛犬,偷杀畜物,百过。

交财格

以绝私利便宜根为第一。贫者不贪,尤为功。

一日间交关买卖,俱从宽厚,一功。放债、出当、佃田,济人危急,不论利息,一事一功。克剥利己,乘急多取,俱一过。

十五日利物不倦,十功。赦贫债,十功。率乡里平量衡斗斛,为十功。急迫穷债,亏心负财,两样秤斗,造假银,俱各十过。

赦债,免人典妻卖子,及关性命者,拾重宝还,俱百功。侥灭重债,谋人破产,赌荡迫人流离失所,俱百过。

奢俭格

以俭己能施为第一。富贵不淫,及妇女不争华饰,功尤倍。

一日间,饮食衣服,甘澹惜福,以行施济,贫者安心作业,不怨不贪,一功。暴殄天物,享用过丰,觊图非分,俱一过。

如是十五日,绝烹杀,忍嗜欲,男业女工,不虚度衣食,十功。越礼犯分,烹杀多,仪冠婚丧祭过侈,各十过。

感化十家俭朴好施,化十人勿赌荡奢淫,俱百功。破产荡业,恃财淫人妻女,戏妓俊仆在家,致启邪淫,百过。

性行格

以受污染变气质为第一。当时时进步、改过。

一日间,敬老慈幼,亲爱同辈,忍辱受劳,贵贱平等,报恩解冤,一功。傲慢笑侮,一过。妇人好佚游,多言秽骂,一过。

十五日不倦,十功。变化一件气质大事,难忍而忍,十功。侵弱欺愚,十过。用机阴图,咒咀窍魇,十过。

火气不生,在在欢喜,在在感化,百功。常习斗讼、侵侮,百过。妇人魇制,丈夫魇人,夫妻不和,或病或死,俱百过。

敬圣格

以常对越效法为第一。

一日间,敬事神明祖先,或祈亲福,求善缘,斋戒至诚,一功。怠慢祖先、神灵、经典,泄唾不忌三光,妇人好入庙院、结菜会,俱一过。

斋诚半月,无杂诱,无怠志,十功。时存想贤圣仙佛,貌相庄严在心,或存日月轮相光明,至十五日,俱十功。戏侮非谤神圣,十过。

至梦寐灵通,时见光轮宝相,流转肺腑,若游天宫,闻神语,为百功。打骂神明,作秽梵寺,无识毁经,倡说叛圣,百过。

存心格

以忘善无我为第一。

一日言行俱善,存心施济天下,化道众庶,一功。淫念、恶念、贪念、妒嫉念、媚世念,展转不除,一过。

十五日不倦,道心纯熟,十功。善与人同,改过日新,半月十功。恶念、邪念,展转数日,形之动作,十过。无私念,能寡所思,息梦生意,愈悃一月,为百功。常常如此,恻怛自然,存虚应圆,为无量功。

颂曰:"不出门,救万命;不废财,行万功;不假法,度万人。"此《灵圣真君偈》也。格,其所传者也。虫蚁随狂,扶持教成,子孙济世,是谓不出门,救万命;孝友方便,立地可做,忍侮存心,功德无量,是谓不费财,行万功;我自至愚至贱,人皆极神极圣,赞扬善人,欢喜善事,挑剔善书,兴起善念。即樵夫牧竖,亦自能之,是谓不假法,度万人。

(明·颜茂猷《迪吉录》卷之八)

附录四

庭帏杂录

[明]钱晓 订

序

余小子生也晚,不获事吾祖参坡先生暨吾祖母李孺人。阅吾父及吾诸伯叔所述《庭帏杂录》,未尝不哑然惊,惕然惧,而悚然思奋也。开辟生人至夥矣,独称朱均为不肖,何哉?以尧舜至德,不能相肖耳。故为众人之子孙易,为贤人之子孙难。《记》称文王无忧,岂前有所承,后有所托,而可以无忧哉?殆谓文王宜忧而不忧耳。盖前有贤父,毫发不类,便堕家声;后有圣子,身范稍亏,便难作则。况曰"父作之",在文王必有所绍之者;曰"子述之",在文王必有所开之者。惟文王能尽道,所以无忧也。不然,蔡叔以文王为父,蔡仲为子,而宁能免于忧哉?今吾祖何如人?吾伯叔何如人?吾父又何如人?而为子孙者,可泄泄已乎?闻诸吾父,谓吾祖之学无所不窥,而特寓意于医,借以警世觉人。察脉而知其心之多欲也,则告以淡泊清虚;察脉而知其心之多忿也,则告以涵容宽裕;察脉而知其心之荡且浮也,则告以凝静收敛。引经据传,切理当情,闻者莫不有省。虽家庭指示,片语微词,皆可书而诵也。伯氏春谷先生先录其言,以备观省,已而诸伯叔竞效而录之,共二十余卷,经倭乱存者无几,吾父虑其尽逸也,遂辑其存者,厘为上下二卷,付之梓人。吾王父母心术之微,不尽在是也;行谊之大,亦不尽在是也。然善观人者,尝其一脔可以知全鼎之味矣。勉承父命,谨题其端,以自勖云。

万历丁酉季秋吉旦,孙男袁天启拜手谨书。

庭帏杂录　卷上

问："尧让天下于许由，经传不载，岂后人附会欤？"父参坡曰："按《左传》，许，太岳之后，古者申吕许甫，皆四岳之后。《书》云：'咨，四岳。朕在位七十载，汝能庸命巽朕位。'让由之举，或即此乎。"

"宋韩琦为谏官三年，所存谏稿，欲敛而焚之，以效古人谨密之义。然恐无以见人主从谏之美，乃集主上所信从及足以表主上之德者七十余章，曰《谏垣存稿》。自序于其首，大略曰：'谏主于理，而以至诚将之。'前辈之忠厚如此，今乃有以进言要名者，良可悼也。"

有王某者，善风鉴，江湖奇士也。来访父，坐定，闻门外履声橐橐，王倾耳曰："有三品官来。"及至，则表兄沈科也。王谛观之，曰："肉胜骨，须肉稍去，则发矣。"科不怿，即起入内见吾母。是冬科患病，大肉尽脱。吾与三弟调理之，将愈，父谓曰："此病但平其胃火，火去则脾胃自调，必愈。若滋其肾水，水旺则邪火自退，亦愈。然胃火去则善食，必肥，不若肾水旺则骨坚，而可应王生之言也。"因书一方授予，使付科，如法修服。后果精神日旺而浮肉不生。明年举乡荐，甲辰登第，终苑马卿。

"传称孔子家儿不知骂，曾子家儿不知怒，生而善教也。汝祖生平不喜责人，每僮仆有过当刑，辄与汝祖母私约：'我执杖往，汝来劝止。'我体其意，终身未尝以怒责仆，亦未尝骂仆。汝曹识之。"

"汝曾祖菊泉先生尝语我云：'吾家世不干禄仕，所以历代无显名。然忠信孝友，则世守之，第令子孙不失家法，足矣！'即读书，亦但欲明理义，识古人趣向，若富贵则天也。"

问："吾祖凿半亩池水，冬夏不涸，邻池常涸，何也？"曰："池中置牛骨则不涸。出《西都志》。"

沈科问："六艺御为卑，今凡上用之物皆称御，官称御史，何也？"曰："吴临川云，君之在车，与御者最相亲近，故君所亲近之人谓之御，君所亲用之物亦谓之御。"

钱南士问:"何以谓之市井。"曰:"古者,一井之地,以二十亩为庐舍。因为市以交易,故云。"

袁裳问:"俗以每月初五、十四、二十三日为月忌,凡事皆避之,何所取义?"曰:"阴阳书以是三日为九良星直日,故不用,其义亦不明。河图九数,趋三避五,初一日起一居坎,至初五日五居中,十四日、二十三日,五皆居中,五为君象,故民庶不可用。"

"凡言语文字与夫作事应酬,皆须有涵蓄,方有味。说话到五七分便止,留有余不尽之意,令人默会。作事亦须得五七分势便止,若到十分,如张弓然,过满则折矣。"

钱昞问:"寒食禁火,相传为介子推而设。果尔,止该行于晋地,何四方皆然也?"曰:"予尝读《丹阳集》云,龙是木之位,春属东方,心为大火,惧火盛,故禁火。是以有龙禁之忌,未必为子推设也。"

袁襄问:"《月令》言:'孟冬,腊先祖。'郑玄注云,腊即《周礼》所谓蜡祭也。然则腊、蜡同乎?"曰:"尝观《玉烛宝典》云,腊祭先祖,蜡祭百神。则腊与蜡异。蜡祭因飨农,以终岁勤动而息之。腊,猎也。猎取禽兽祭先祖,重本始也。二祭寓意不同,所以腊于庙,蜡于郊。"

子华子曰:"人之性,其犹水然。水之源至洁而无秽,其所以湛之者,久则不能无易也。是故方圆曲折湛于所遇,而形易矣;青黄赤白湛于所受,而色易矣;硁訇淙射湛于所阂,而响易矣;洄伏悠容湛于所容,而态易矣;咸淡芳奥湛于所染,而味易矣。此五易者非水性也,而水之流则然。"孔子曰:"性相近也,习相远也。"尔辈慎习。

沈科初授南京行人司副,归别吾父。吾父谓之曰:"前辈谓仕路乃毒蛇聚会之场,余谓其言稍过,然君子缘是可以自修,其毒未形也。吾谨避之,质直好义,以服其心;察言观色,虑以下之,以平其忿。其毒既形,吾顺受之,彼以毒来,吾以慈受,可也。"

"《记》称吊丧不能赙,不问其所费;问疾不能馈,不问其所欲;见人不能馆,不问其所舍。此言最尽物情,故张横渠谓物我两尽,自《曲礼》入,非虚言也。汝辈处世,宜一一据此推广,如见讼不能解,不问其所由;

见灾不能恤,不问其所苦;见穷不能赈,不问其所乏。"

问:"天下事皆重根本而轻枝叶。《记》称天下有道则行有枝叶,无道则辞有枝叶。岂行贵枝叶乎?"父曰:"枝叶从根本而出,邦有道则人务实,故精神畅于践履;无道则人尚虚,故精神畅于词说。"

予与二弟侍吾母,予辈不自知其非己出也。新衣初试,旋或污毁,吾母夜缝而密浣之,不使吾父知也。正食既饱,复索杂食,吾母量授而撙节之,不拂亦不恣也。坐立言笑,必教以正。吾辈幼而知礼。先母没,期年,吾父继娶。吾母来时,先母灵座尚在,吾母朝夕上膳,必亲必敬。当岁时佳节,父或他出,吾母即率吾二人躬行奠礼。尝洒泪告曰:"汝母不幸蚤世,汝辈不及养,所可尽人子之心者,惟此祭耳。"为吾子孙者,幸勿忘此语。

以上男袁衷录。

"宋儒教人,专以读书为学,其失也俗。近世王伯安尽扫宋儒之陋,而教人专求之言语文字之外,其失也虚。观子路曰:'何必读书然后为学?'则孔门亦尝以读书为学,但须识得本领,工夫始不错耳。孟子曰:'学问之道无他,求其放心而已矣。'求放心是本领,学问是枝叶。"

"作文,句法、字法要当皆有源流。诚不可不熟玩古书,然不可蹈袭,亦不可刻意摹拟,须要说理精到,有千古不可磨灭之见,亦须有关风化,不为徒作,乃可言文。若规规摹拟,则自家生意索然矣。"

"近世操觚习艺者,往往务为艰词晦语,或二字三字为句,以自矜高古。甚或使人不可句读,而味其理趣,则漠然如嚼蜡耳。此文章之一大厄也。尔辈切不可效之!"

"文字最可观人。如正人君子,其文必平正通达;如奸邪小人,其文必艰涩崎岖。"

"士之品有三:志于道德者为上,志于功名者次之,志于富贵者为下。近世人家生子,禀赋稍异,父母师友即以富贵期之。其子幸而有成,富贵之外,不复知功名为何物,况道德乎!吾祖生吾父,岐嶷秀颖,吾父生吾,亦不愚,然皆不习举业,而授以五经古义。吾生汝兄弟,始教汝习举业,亦非徒以富贵望汝也。伊周勋业,孔孟文章,皆男子常事。位之得不得在天,德之修不修在我。毋弃其在我者,毋强其在天者。欲洁身者必去垢,欲愈疾者必求医。昔曹子建文字好人讥弹,应时改定。岂独文艺当尔哉?进德修业,皆当如此。"

"晏元献公尝言韩退之扶持圣教,划除异端,则诚有功。若其祖述坟典,宪章骚雅,上传三古,下笼百世,横行阔视于缀述之场者,子厚一人而已。盖深取柳而抑韩也。尔辈试虚心观之,二公之学识相去颇远,当知晏公之言不虚耳。唐人余知古与欧阳生书,讥韩愈之陋,曰:'其作《原道》,则崔豹《答牛生书》;作《讳辩》,则张诚《论旧名》也;作《毛颖传》,则袁淑《太兰王九锡》也;作《送穷文》,则扬子云《逐贫赋》也。'当时盖甚轻之,惜今人读书不多,不知韩之蹈袭耳。"

"当理之言,人未必信;修洁之行,物或相猜。是以至宝多疑,荆山有泪。"

"读书贵博亦贵精。苏文《管仲论》,近世刊本皆作:'彼管仲者,何以死哉?'及得宋刻,则'何'字乃'可'字,与上文'可以死'正相应。许浑诗'湘潭云尽暮山出',此世本也,及观刘巨济收浑手书,则'山'字乃'烟'字也。潘荣《史断》引'少仕伪朝',责李密《陈情》之谬。尝见释氏书引此文,'伪朝'作'荒朝',盖密之初文也。'伪朝'字乃晋人改之入史耳。孔明《出师表》,今世所传,皆本《三国志》,查《文选》所载,则'先帝之灵'下尚有'若无兴德之言'六字。必如是,而其义始完也。自杜牧有'西子下姑苏,一舫逐鸱夷'之句,世皆传范蠡载西施以逃。及观《修文御览》引《吴越春秋》逸篇云:'吴亡后,浮西施于江,令随鸱夷以终。'盖当时子胥死,盛以鸱夷浮之江。今沉西施于江,所以谢子胥也。范蠡去越,亦号鸱夷子,杜牧遂误以胥为蠡耳。墨子曰:'吴起之裂,其功也;西施之沈,其美也。'岂非明证哉?"

"作诗以真情说真境,方为作者。周濂溪《和费令游山》诗云:'是处尘劳皆可息,清时终不忍辞官。'此由衷之语,何其温柔敦厚也!若婴情魏阙,托与青山,徒令人可厌耳。"

"杨升庵尝评韩退之赠张曙诗云:'"久钦江总文才妙,自叹虞翻骨相屯",以忠直自比,而以奸邪待人,岂圣贤谦己恕人之意? 此乃韩公生平病处,而宋人多学之,谓之占地步,心术先坏矣,何地步之有?'此论最当,今之人抑又甚焉。阴含讥讽,如讪如詈,此小人之尤者,不可效也。"

问:"《史记》'庚死狱中',何以谓之'庚'?"曰:"按《说文》,束缚捽抴为曳。曳、庚古通用也。"

郁九章来访,坐谈伍员之"员",宜作"运"。父曰:"岂惟如此! 澹台灭明之'澹',《管子》《淮南子》皆音'潭'。"郁曰:"'澹'与'淡'同乎?""'淡'去声,'澹'音潭。《文选》澹、淡连用,本二字,非一字也。锺繇字元常,取'咎繇陈谟,彰厥有常'之义,今多呼繇为由,亦误也。"郁曰:"此更有何证?"曰:"晋《世说》载,庾公谓锺会曰'何以久望卿遥遥不至',谓举其父讳以嘲之。此明证矣。又五代王朴,朴平豆反,而今人皆呼为朴,似此之类,不可枚举。"

"宋儒谓《易经》彖象卦爻皆取义于物。彖者,犀之名,状如犀而小角,善知吉凶,交广有之,土人名曰猪神,犀形独角,知几知微,是则彖者,取于几也。象,大荒之兽,人希见生象,按其图以想其形,名之曰像,是则象者,取于像也。孔颖达曰:'卦者,挂也。挂之于壁也。盖悬物之杙也。'近世杨慎非之,谓'卦者,圭也。古者造律制量,六十四黍为一圭,则六十四象总名为卦',亦自有理。应劭曰:'圭者,自然之形,阴阳之始,则卦者,亦自然之形,阴阳之始。其为字从卜,为义从圭,为声亦为义,古文圭亦音卦。'《木经》云:'爻者,交疏之窗也。其字象窗形,今之象眼窗也。一窗之孔六十四,六窗之孔凡三百八十四也。是则爻者,义所旁通也。'"

"坤,顺乾而育物;阳,资阴也。月远日而生明,阴避阳也。"

"鱼生流水者,皆鳞白;鱼生止水者,皆鳞黑。"

予夜读《君陈篇》,父问曰:"君陈是何人?"对曰:"不知。"曰:"是周公之子,伯禽之弟,王伯厚言之甚详,且《坊记》注有明文可证。"

比邻沈氏,世仇予家。吾母初来,吾弟兄尚幼。吾家有桃一株,生出墙外,沈辄锯之。予兄弟见之,奔告吾母,母曰:"是宜然。吾家之桃,岂可僭彼家之地?"沈亦有枣,生过予墙。枣初生,母呼吾弟兄戒曰:"邻家之枣,慎勿扑取一枚。"并诫诸仆为守护。及枣熟,请沈女使至家而摘之,以盒送还。吾家有羊,走入彼园,彼即扑死。明日彼有羊窜过墙来,群仆大喜,亦欲扑之,以偿昨憾。母曰:"不可。"命送还之。沈某病,吾父往诊,贻之药。父出,母复遣人告群邻曰:"疾病相恤,邻里之义。沈负病,家贫,各出银五分以助之。"得银一两三钱五分。独助米一石,由是沈遂忘仇感义,至今两家姻戚往还。古语云:天下无不可化之人。谅哉!

有富室娶亲,乘巨舫自南来,经吾门,风雨大作,舟触吾家船坊,倒焉。邻里共捽其舟人,欲偿所费。吾母闻之,问曰:"媳妇在舟否?"曰:"在舟中。"因遣人谢诸邻曰:"人家娶妇,期于吉庆,在路若赔钱,舅姑以为不吉矣。况吾坊年久,积朽将颓,彼舟大风急,非力所及,幸宽之。"众从命。

吾母爱吾兄弟,逾于己出。未寒思衣,未饥思食,亲友有馈果馔,必留以相饲。既娶妇,依然呴育,无异龁龀也。吾妇感其殷勤,泣语予曰:"即亲生之母,何以逾此!"妻家或有馈,虽甚微鲜,不敢私尝,必以奉母。一日,偶得鳜,妇亲烹,命小僮胡松持奉。松私食之。少顷,妇见姑,问曰:"鳜堪食否?"姑愕然良久,曰:"亦堪食。"妇疑,退而鞫松,则知其窃食状,复走谒姑,曰:"鳜不送至,而曰堪食,何也?"吾母笑曰:"汝问鳜则必献,吾不食则松必窃。吾不欲以口腹之故见人过也。"其厚德如此。

以上男袁襄录。

庭帏杂录　卷下

"王虚中解书法,词之内不可减,减之则为凿,凿则失本意;词之外不可增,增之则为赘,赘则坏本意。此至要之言。然得其词者浅,得其意者深。汝辈读书,勿专守着词语,须逆其志于词之内,会其神于词之外,庶有益耳。"

"仲尼题吴季子墓,止曰:'有吴延陵季子之墓。'议者谓胜碑碣千言。张子韶祭洪忠宣,止曰:'维某年月日,具官某,谨以清酌之奠,昭告于某官之灵。呜呼哀哉,伏惟尚飨。'景卢深美其情悲怆乃过于词,可见文不如质,实能胜华。此可为作文之法。"

"象纬术数,君子通之,而不欲以是成名。诗词赋命,君子学之,而不欲以是哗世。何也? 有本焉故也。"

"六朝颜之推,家法最正,相传最远。作《颜氏家训》,谆谆欲子孙崇正教,尊释学。宋吕蒙正,晨起辄拜天,祝曰:'愿敬信三宝者生于吾家!'不特其子公著为贤宰相,历代诸孙,如居仁、祖谦辈,皆闻人贤士,此所当法也。"

"吾目中见毁佛辟教,及拆僧房、僭寺基者,其子孙皆不振,或有奇祸,碌碌者姑不论。昆山魏祭酒崇儒辟释,其居官,毁六祖遗钵;居乡,又拆寺兴书院,毕竟绝嗣,继之者亦绝。聂双江为苏州太守,以兴儒教辟异端为己任,劝僧蓄发归农,一时诸名公如陆粲、顾存仁辈,皆佃寺基,闻聂公无嗣,即有嗣当亦不振也。吾友沈一之,孝弟忠信,古貌古心,醇然儒者也。然亦辟佛,近又拆庵为家庙。闻陆秀卿在岳州,亦专毁淫祠而间及寺宇。论沈、陆之醇肠硕行,虽百世子孙保之可也;论其毁法轻教,宁能无报乎? 尔曹识之,吾不及见也。"

问作诗之法,曰:"以性情为境,以无邪为法,以人伦物理为用,以温柔敦厚为教,以凝神为入门,以超悟为究竟。"

"诗起于《三百篇》。学诗者,皆沿其下梢,忘其本始。"

"起非分之思,开无谓之口,行无益之事,不如其已。"

"自小学久废,《尔雅》《说文》无留心者。士人行文,多所谬误,虽正史不免焉。按《说文》,率鸟者,系生鸟以来之,名囮。囮音'由',故猎人有囮鹿,唐吕温乃作《由鹿赋》,以'囮'为'由',误也。蜀人谓老为皤,取

'旛旛黄发'义。有贼王小旛作乱,《宋史》乃作王小波,当改正。"

"可爱之物,勿以求人;易犯之怒,勿以禁人;难行之事,勿以令人。"

"终日戴天,不知其高;终日履地,不知其厚。故草不谢荣于雨露,子不谢生于父母。有识者,须反本而图报,勿贸贸焉已也。"

"语云:斛满,人概之;人满,神概之。此良言也。智周万物,守之以愚;学高天下,持之以朴;德服人群,苙之以虚。不待其满,而常自概之。虽鬼神,无如吾何矣。"

"'呢喃燕子语梁间,底事来惊梦里闲。说与旁人浑不解,杖藜携酒看芝山。'此刘季孙诗也。季孙时以殿直监饶州酒,王荆公以提刑至饶,见是诗,大称赏之。适郡学生持状,请差官摄州学事,公判监酒殿直,一郡大惊,由是知名。'青衫白发旧参军,旋籴黄粱置酒樽。但得有钱留客醉,也胜骑马傍人门。'此卢秉诗也,荆公见而称之,立荐于朝,不数年登卿贰。《石林》《珊瑚诗话》侈载其事,今之上官有惜才如荆公者乎?即著书满车,谁肯顾名?此英雄所以长摈,世道所以日衰也。"

"见精,始能为造道之言;养盛,始能为有德之言。其见卑而言高,与养薄而徒事造语者,皆典谟风雅之罪人也。"

"黄、苏皆好禅。谈者谓子瞻是士夫禅,鲁直是祖师禅,盖优黄而劣苏也。人皆知二公终身以诗文为事,然二公岂浅浅者哉?子瞻无论其立朝大节,即阳羡买房焚券一细事,亦足砭污起懦;鲁直与人书,论学论文,一切引归根本,未尝以区区文章为足恃者。《余冬序录》尝类其语,如云:'学问文章,当求配古人,不可以贤于流俗自足。孝弟忠信是此物根本,养得醇厚,使根深蒂固,然后枝叶茂耳。'又云:'读书须一言一句,自求己身,方见古人用心处。如欲进道,须谢外慕,乃全功。'又云:'置心一处,无事不辨,读书先令心不驰走,庶言下有理会。'又云:'学问以自见其性为难,诚见其性,坐则伏于几,立则垂于绅,饮则形于尊彝,食则形于笾豆,升车则鸾和与之言,奏乐则钟鼓为之说,故无适而不当,至于世俗之学,君子有所不暇。'又云:'学问须从治心养性中来,济以玩古之功,三月聚粮,可至千里,但勿欲速成耳。'此等处,皆汝辈所当服膺也。"

顾子声、王天宥、刘光浦在坐,设酒相款。刘称吾父大节凛然,细行不苟,世之完德君子也。父曰:"岂敢当!尝自默默检点,有十过未除,正赖诸君之力,共刷除之。"王问:"何者为十?"父曰:"外缘役役,内志悠悠,常使此日闲过,一也。闻人之过,口不敢言,而心常尤之,或遇其人,而不能救正,二也。见人之贤,岂不爱慕?思之而不能与齐,辄复放过,三也。偶有横逆,自反不切,不能感动人,四也。爱惜名节,不能包荒,五也。(原文此处缺)终日闲邪,而心不能无妄思,七也。有过辄悔,如不欲生,自谓永不复作矣,而日复一日,不觉不知,旋复忽犯,八也。布施而不能空其所有,忍辱而不能遣之于心,九也。极慕清净而不能断酒肉,十也。"顾曰:"谨受教!"且顾余兄弟曰:"汝曹识之,此尊翁实心寡过也。"

夏雨初霁,槐阴送凉,父命吾兄弟赋诗。余诗先成,父击节称赏。时有惠葛者,父命范裁缝制服赐余,而吾母不知也。及衣成,服以入谢,母询知其故,谓余曰:"二兄未服,汝何得先?且以语言文字而遽享上服,将置二兄于何地?"褫衣藏之,各制一衣赐二兄,然后服。

吾父不问家人生业,凡薪菜交易,皆吾母司之。秤银既平,必稍加毫厘,余问其故,母曰:"细人生理至微,不可亏之。每次多银一厘,一年不过分外多使银五六钱。吾旋节他费补之,内不损己,外不亏人,吾行此数十年矣。儿曹世守之,勿变也!"

余幼颇聪慧,母欲教习举子业。父不听,曰:"此儿福薄,不能享世禄。寿且不永,不如教习六德六艺,做个好人。医可济人,最能重德,俟稍长,当遣习医。"余十四岁,五经诵遍,即遣游文衡山先生之门,学字学诗。既毕姻,授以古医经,令如经史,潜心玩之。且嘱余曰:"医有八事须知。"余请问,父曰:"志欲大而心欲小,学欲博而业欲专,识欲高而气欲下,量欲宏而守欲洁。发慈悲恻隐之心,拯救大地含灵之苦,立此大志矣。而于用药之际,兢兢以人命为重,不敢妄投一剂,不敢轻试一方,此所谓小心也。上察气运于天,下察草木于地,中察情性于人,学极其博矣。而业在是,则习在是,如承蜩,如贯虱,毫无外慕,所谓专也。穷理养心,如空中朗月,无所不照,见其微而知其著,察其迹而知其因,识诚高矣。而又虚怀降气,不弃贫贱,不嫌臭秽,若恫瘝乃身,而耐心救之,所谓气之下也。遇同侪相处,已有能则告之,人有善则学之,勿存形迹,勿分尔我,量极宏矣。而病家方苦,须深心体恤,相酬之物,富者资为药本,贫者断不可受,于阛室皱眉之日,岂忍受以自肥?戒之戒之!"

表弟沈称病,心神恍惚,多惊悸不宁,求药于余。既授之,父偶见,命取半天河水煎之。半天河水者,乃竹篱头、空树中水也。称问:"水不同乎?"父曰:"不同。《衍义》曾辨之,未悉也。半天河水在上,天泽水也,故治心病;腊雪水,大寒水也,故解一切热毒;井华水,清冷澄澈水也,故通九窍,明目,去酒后热痢;东流水者,顺下之水也,故下药用之;倒流水者,回旋流止之水也,故吐药用之;地浆水者,掘地作坎,以水搅浑,得土气之水也,故能解诸毒;甘烂水者,以木盆盛水,杓扬千遍,泡起作珠数千颗,此乃搅揉气发之水也,故治霍乱,入膀胱,止奔豚也。"

以上男袁裳录。

"古人慎言,不但非礼勿言也。《中庸》所谓庸言,乃孝弟忠信之言,而亦谨之。是故万言万中,不如一默。"

"童子涉世未深,良心未丧,常存此心,便是作圣之本。"

癸卯除夕家宴,母问父曰:"今夜者,今岁尽日也。人生世间,万事皆有尽日。每思及此,辄有凄然遗世之想。"父曰:"诚然。禅家以身没之日为腊月三十日,亦喻其有尽也。须未至腊月三十日而预为整顿,庶免临期忙乱耳。"母问:"如何整顿?"父曰:"始乎收心,终乎见性。"予初讲《孟子》,起对曰:"是学问之道也。"父颔之。

余幼学作文,父书"八戒"于稿簿之前,曰:"毋剿袭,毋雷同,毋以浅见而窥,毋以满志而发,毋以作文之心而妄想俗事,毋以鄙秽之念而轻测真诠,毋自是而恶人言,毋倦勤而怠己力。"

"韩退之《符读书城南》诗,专教子取富贵,识者陋之。吾今教尔曹正心诚意,能之乎?"予应曰:"能。"问:"心若何而正?"对曰:"无邪即正。"问:"意若何而诚?"曰:"无伪即诚。"叱曰:"此口头虚话,何可对大人。须实思其何以正,何以诚,始得。"余瞿然有省。

"诗文有主有从。文以载道,诗以道性情。道即性情,所谓主也;其文词,从也。但使主人尊重,即无仆从,可以遗世独立,而蕴籍有余。今之作文者,类有从无主,謦欬徒饰,而实意索然。文果如斯而已哉。"

"野葛虽毒,不食则不能伤生;情欲虽危,不染则无由累己。"问:"何得不染?"曰:"但使真心不昧,则欲念自消。偶起即觉,觉之即无,如此而已。"

"古人有言,畸人硕士,身不容于时,名不显于世,郁其积而不得施,终于沦落。而万分一不获自见者,岂天遗之乎?时已过矣,世已易矣,乃一旦其后之人勃兴焉,此必然之理,屡屡有征者也。吾家积德,不试者数世矣,子孙其有兴焉者乎。"

父自外归,辄掩一室而坐,虽至亲不得见之。予辈从户隙私窥,但见香烟袅绕,衣冠俨然,素须飘飘,如植如塑而已。

父与予讲《太极图》,吾母从旁听之。父指图曰:"此一圈,从伏羲一画圈将转来。以形容无极太极的道理。"母笑曰:"这个道理亦圈不住,只此一圈,亦是妄。"父告予曰:"《太极图》汝母已讲竟。"遂掩卷而起。

父每接人,辄温然如春。然察之,微有不同。接俗人则正色缄口,诺诺无违;接尊长则敛智黜华,意念常下;接后辈则随方寄诲,诚意可掬;惟接同志之友,则或高谈雄辩,耸听四筵,或婉语微词,频惊独坐,闻之者未始不爽然失、帖然服也。

"毋以饮食伤脾胃,毋以床笫耗元阳,毋以言语损现在之福,毋以田地造子孙之殃,毋以学术误天下后世。"

丙午六月,父患微疾,命移榻于中堂,告诸兄曰:"吾祖吾父皆预知死期,皆沐浴更衣,肃然坐逝,皆不死于妇人之手。我今欲长逝矣。"遂闭户谢客,日惟焚香静坐,至七月初四日,亲友毕集,诸兄咸在,呼予携纸笔进前,书曰:"附赘乾坤七十年,飘然今喜谢尘缘。须知灵运终成佛,焉识王乔不是仙。身外幸无轩冕累,世间漫有性真传。云山千古成长往,那管儿孙俗与贤。"投笔而逝。

遗书二万余卷,父临没,命检其重者,分赐侄辈,余悉收藏付余。母指遗书泣告曰:"吾不及事汝祖,然见汝父博极群书,犹手不释卷,汝若受书而不能读,则为罪人矣。"予因取遗籍恣观之,虽不能尽解,而涉猎广记,则自蚤岁然矣。

吾母当吾父存日,宾客填门,应酬不暇,而吾不见其忙。及父没,衡门悄然,形影相吊,而吾不见其逸。

以上男袁表录。

潘用商与吾父友善,其子恕无子,余幼鞠于其家。父没,母收回。告曰:"一家有一家气习。潘虽良善,其诗书礼义之习,不若吾家多矣。吾蚤收汝,随诸兄学习,或有可成。"

予随四兄夜诵,吾母必执女工相伴,或至夜分,吾二人寝,乃寝。

吾父不刻吾祖文集,以吾祖所重不在文也。及书房雨漏,先集朽不可整,始悔之。吾父亡,吾母命诸兄先刻《一螺集》,曰毋贻后悔。

遇四时佳节,吾母前数日造酒以祭,未祭不敢私尝一滴也。临祭,一牲一菜皆洁诚专设,既祭,然后分而享之。尝语予曰:"汝父年七十,每祭未尝不哭,以不逮养也。汝幼而无父,欲养无由,可不尽诚于祀典哉?"

每遇时物,虽微必献。未献,吾辈不敢先尝。

四兄善夜坐,尝至四鼓。余至更余辄睡,然善蚤起,四兄睡时母始睡,及吾起母又起矣,终夜不得安枕。鞠育之苦,所不忍言。

二兄移居东墅,予与四兄从之学。家僮名阿多者,送吾二人至馆,及归,见路旁蚕豆初熟,采之盈禰。母见曰:"农家待此以食,汝何得私取之?"命付米一升,偿其直。四兄闻而问母曰:"娘虽付米,阿多必不偿人。"母曰:"必如此,然后吾心始安。"

四兄补邑弟子。母语余曰:"汝兄弟二人,譬犹一体,兄读书有成,而弟不逮,岂惟弟有愧色?即兄之心,当亦歉然也。愿汝常念此,努力进修,读书未熟,虽倦不敢息,作文未工,虽钝不敢限,百倍加工,何远不到？"

乙卯，四兄进浙场，文极工，本房取首卷，偶以《中庸》义太凌驾，不得中式，后代巡行文给赏。母语余曰："文可中而不中，是谓之命。倘文犹未工，虽命非命也。尔勉之，第勤修其在己者，得不得，勿计也。"

三兄蚤世，吾母哭之哀。告余曰："汝父原说其不寿，今果然。"因收七侄、八侄教育之，如吾兄弟幼时。茹苦忍辛，盖无一日乐也。

余与二侄同入泮，母曰："今日服衣巾，便是孔门弟子，纤毫有玷，便遗愧儒门。"以是余兢兢自守，不敢失坠。

吾祖怡杏翁，置房于亭桥西浒间。父遗命授余，母告曰："房之西，王鸾之屋也。当时鸾初造楼，而邑丞倪玑严行火巷之例，法应毁。汝父怜之，毁己之房以代彼。但就倪批一官帖，以明疆界而已。汝体父此意，则一切邻居皆当爱恤，皆当屈己伸人。尝记汝父有言，'君子当容人，毋为人所容。宁人负我，我毋负人'，倘万分一为人所容，又万分一我或负人，岂惟有愧父兄，实亦惭负天地，不可为人矣。"

吾母暇则纺纱，日有常课。吾妻陆氏劝其少息，曰："古人有一日不作一日不食之戒，我辈何人，可无事而食？"故行年八十，而服业不休。

远亲旧戚，每来相访，吾母必殷勤接纳。去则周之，贫者必程其所送之礼加数倍相酬；远者给以舟行路费，委曲周济，惟恐不逮。有胡氏、徐氏二姑，乃陶庄远亲，久已无服，其来尤数，待之尤厚，久留不厌也。刘光浦先生尝语四兄及余曰："众人皆趋势，汝家独怜贫。吾与汝父相交四十余年，每遇佳节，则穷亲满座，此至美之风俗也。汝家后必有闻人，其在尔辈乎？"

九月将寒，四嫂欲买绵，为纯帛之服以御寒。母曰："不可。三斤绵用银一两五钱，莫若止以银五钱买绵一斤。汝夫及汝冬衣，皆以枲为骨，以绵覆之，足以御冬。余银一两，买旧碎之衣，浣濯补缀，便可给贫者数人之用。恤穷济众，是第一件好事。恨无力，不能广施，但随事节省，尽可行仁。"

母平日念佛,行住坐卧皆不辍。问其故,曰:"吾以收心也。尝闻汝父有言,'人心如火,火必丽木,心必丽事,故曰必有事焉'。一提佛号,万妄俱息,终日持之,终日心常敛也。"

四兄登科报至,吾母了无喜色。但语予曰:"汝祖汝父读尽天下书,汝兄今始成名。汝辈更须努力。"

以上男袁衮录。

《庭帏杂录》者,吾内兄袁衷等录父参坡公并母李氏之言也。参坡初娶王氏,生子二,曰衷,曰襄。衷五岁,襄四岁,王氏没。继娶李氏,生子三,曰裳,曰表,曰衮。衮十岁,参坡公亡,又二十七年,李氏弃世。故衷、襄所录,父言居多;而衮幼,不及事父,独佩母言自淑耳。参坡博学敦行,世罕其俦;李氏贤淑有识,垒垒有丈夫气。兹录可以想见其人矣。

钱晓识。

"崇文国学经典"书目

诗经	古诗十九首 汉乐府选
周易	世说新语
道德经	茶经
左传	资治通鉴
论语	容斋随笔
孟子	了凡四训
大学 中庸	徐霞客游记
庄子	菜根谭
孙子兵法	小窗幽记
吕氏春秋	古文观止
山海经	浮生六记
史记	三字经 百家姓 千字文 弟子规
楚辞	声律启蒙 笠翁对韵
黄帝内经	格言联璧
三国志	围炉夜话